呼伦贝尔草原
生态监测方法与常见植物识别

闫瑞瑞　辛晓平　乌仁其其格　著

中国农业出版社

农村读物出版社

北京

编辑委员会

《呼伦贝尔草原生态监测方法与常见植物识别》

HULUNBEIER CAOYUAN SHENGTAI JIANCE FANGFA YU CHANGJIAN ZHIWU SHIBIE

内容简介

　　呼伦贝尔草原位于内蒙古自治区东部地区，是东北地区和华北地区生态安全体系中的重要一环。呼伦贝尔草原植被经向地带性分布由东到西是草甸草原和典型草原，依次为线叶菊、贝加尔针茅、羊草、大针茅和克氏针茅5个群系，这些构成了呼伦贝尔草原不同的草地类型与组合。本书面向呼伦贝尔草原生态工作者，是草原植物种野外鉴定工具书，全面系统地描述了呼伦贝尔草原的植物种类、形态特征、生境分布以及植物种的主要利用价值；收录了呼伦贝尔草原常见植物36科191种。

　　本书参照《中国植物志》《内蒙古植物志》和《呼伦贝尔草原植物图鉴》，应用了大量原色照片和鉴别特征图片，图文并茂，收集整理了内蒙古呼伦贝尔草地生态监测常见植物近200种，介绍了草地生态监测工作的主要技术、方法，旨在为科学、高效开展生态本底调查、草地健康评价、草地生态监测及植被种类识别提供基础资料，更便于初级研究者更加快速直观、准确、科学、方便地鉴别物种，是呼伦贝尔开展草原科学研究生态修复、保护建设和合理利用的重要参考资料。

　　本书可作为从事植物分类、植被生态、草地资源、环境生态学及相关领域的科研和相关技术人员等进行教学或野外实践时的参考资料。

　　呼伦贝尔草原位于我国草原最北部富饶优美的区域——内蒙古自治区东部地区，是分布在大兴安岭西麓与呼伦贝尔高原交会处的草甸草原，是欧亚大陆东端草甸草原的核心区域，总面积约8.8万km²，是目前我国保存较完整的草原之一。从宏观生态地理格局看，呼伦贝尔草原地理位置处在冬季风由西伯利亚入侵我国东北的大通道上，与大兴安岭森林相匹配，成为我国东北地区一道强大的生态防护屏障，在我国东北的地理格局中具有不可取代的生态功能，是东北地区和华北地区生态安全体系中的重要一环。同时，呼伦贝尔草原是重要的草原畜牧业基地，具有突出的草地资源优势和环境优势，其家畜品种和乳、肉、毛、绒、皮等产品，在国内外市场上都占有重要地位。

　　呼伦贝尔草原植被经向地带性分布由东到西跨越草甸草原和典型草原，依次为线叶菊、贝加尔针茅、羊草、大针茅和克氏针茅5个群系，这些构成了呼伦贝尔草原不同草地类型与组合，是呼伦贝尔草地的主体。呼伦贝尔草原区的植物群落多样性是构成其景观生态结构和功能的主要部分，植物群落多样是由植物种类多样性所决定的。

　　植物分类是植物种类多样性和生态系统研究的前提和基础，越是植物多样性丰富的地区，其植物分类难度越大，越需要科学准确的工具书。认识植物是草原生态保护的基础，首先要了解它们，才能更好地保护和利用它们。草地植物种类识别是草地生态监测工作中一项最基本的技能，是开展草地生态监测工作的基础。但是，很多研究人员对呼伦贝尔草原植物分类并不十分熟悉，无法准确、快速地判断植物的种类，所以，出版一部准确直观的，可帮助研究人员认识植物并能方便携带的工具书是非常必要的。

《呼伦贝尔草原生态监测方法与常见植物识别》在参考多种植被图谱及植物志等基础资料的基础上，依托呼伦贝尔草原生态系统国家野外科学观测研究站，通过课题组近10年来在呼伦贝尔草地生态野外植物采集与标本鉴定工作的积累，收集整理了内蒙古呼伦贝尔草地生态监测中常见植物近200种，呼伦贝尔草原植物实物照片400余幅；同时，介绍了草地生态系统野外观测方法，旨在为科学、高效开展生态本底调查、草地健康评价、草地生态监测及植被种类识别提供基础资料，便于初级研究者更加快速、直观、准确、科学、方便地鉴别物种。

本书所涉研究工作得到了内蒙古呼伦贝尔草原生态系统国家野外科学观测研究站的大力支持，感谢国家重点研发计划项目（2021YFF0703904，2021YFD1300500）、国家自然科学基金项目（31971769，32130070）、中国农业科学院创新工程、农业科技创新联盟建设—农业基础性长期性科技工作—国家土壤质量呼伦贝尔科学观测站（NAES037SQ18）、国家牧草产业技术体系（CARS-34）和呼伦贝尔市"科技兴市"行动重点专项项目（2021hzzx03）的资助。

虽为常见物种鉴定类工具书，但还有一些呼伦贝尔草原植物未被收录进书中，且书中许多论述有不足之处，这些都需继续完善，真诚希望各位专家和学者不吝赐教，恳请各位读者批评指正！

著　者

2022年5月

Contents
目 录

呼伦贝尔草原生态监测方法与常见植物识别

第一章

呼伦贝尔草原资源

一、呼伦贝尔草原的特征

呼伦贝尔是北极泰加林、东亚阔叶林与欧亚大陆草原相互交融的重要生态区。呼伦贝尔地区有保存相对良好的草原生态系统。呼伦贝尔草原是面积分布最大、草原类型最全、生物生产力最高的自然复合生态系统，是亚洲中部蒙古高原的组成部分，位于大兴安岭以西，世界闻名的欧亚大草原的最东端，是草原四旗新巴尔虎右旗、新巴尔虎左旗、陈巴尔虎旗、鄂温克族自治旗，以及海拉尔区、满洲里市和额尔古纳市南部、牙克石西部草原的总称。呼伦贝尔草原属于温带大陆性季风气候，气候资源较为丰富，年际波动和季节差异显著，夏季短暂，冬季严寒，干旱多风，日照充足。受不同气候的影响，形成了丰富的植被生态类型和草原植物群落类型。

草甸草原生态系统位于我国北方林缘地带，在森林外围与森林接壤或部分与森林交错呈岛状分布。草甸草原生态系统的植被特征与植物种类、群落结构及生境条件密切相关，草甸草原植物区系属于泛北极植物区，以中旱生、多年生的禾本科、豆科和菊科等草本植物为建群种和优势种，以贝加尔针茅草甸草原生态系统、羊草草甸草原生态系统、线叶菊草甸草原生态系统为主体群系，这些构成了草甸草原生态系统相对稳定的群落类型。这3类草原以具有丰富杂类草为特征，线叶菊草原一般位于丘陵上部。贝加尔针茅草原占据着丘陵中部和下部以及平坦台地，通常草群中生长有大量羊草，因而多半以贝加尔针茅＋羊草草原的形式出现。当地形向西部的波状高平原过渡时，贝加尔针茅草原明显地被杂类草少的大针茅草原所替代。羊草草原则总是位于开阔的坡麓下部与谷地，优越的水分条件和深厚而肥沃的土壤，是羊草草原发育的前提。当向干旱地带过渡时，羊草草原经常依赖于水分优越的谷地向西延伸，并表现出与地下水联系密切，这里的羊草草原已失去草原的特性，进入高平原地区后，其更富有草甸的特点。干旱程度增加时，出现内蒙古草原中典型草原的地带性代表类型——大针茅草原。克氏针茅适应干旱的能力较大针茅更强，因此在大针茅和贝加尔针茅草原分布范围内，由于放牧和侵蚀而导致土壤旱化的某些地段，也常常演变为克氏针茅草原。呼伦贝尔草原辽阔，植被类型复杂多样，生物多样性丰富，是我国北方陆地生态系统的主体和重要的绿色生态屏障，是我国具有重要生态、经济和社会功能的战略资源。

二、呼伦贝尔草原植被类型与分布

呼伦贝尔草原植被经向地带性分布由东到西跨越草甸草原和典型草原，依次为线叶菊、贝加尔针茅、羊草、大针茅和克氏针茅5个群系，这些构成了呼伦贝尔不同草地类型与组合，是呼伦贝尔草地的主体。在线叶菊草原之上是羊茅草原，这是呼伦贝尔山地草原植被垂向地带性分布特征。

1. 温性草甸草原类

温性草甸草原类属于地带性草地，是我国温带草原区最东部的一个类型。在呼伦贝尔，主要分布在大兴安岭山地东西两侧的山坡及坡麓和呼伦贝尔高平原的东部，即额尔古纳市南部、陈巴尔虎旗东部、海拉尔区、鄂温克族自治旗中部及新巴尔虎左旗东部，构成了一条由南至北的主要分布带，其余多呈零散分布。气候为半温润特征，降水量350～450mm，大于等于0℃年积温为2 300℃左右，黑钙土是温性草甸草原的土壤代表类型，植被以中旱生植物为主体。

2. 温性典型草原类

温性典型草原类是我国温带草原区分布最广、面积最大的地带性草地。在呼伦贝尔，主要分布在呼伦贝尔高平原的中西部，即陈巴尔虎旗西部、鄂温克族自治旗西部、新巴尔虎左旗中西部及新巴尔虎右旗，是呼伦贝尔草地的主体，占呼伦贝尔市草地可利用面积的39.28%，居各类草地面积之首。

温性典型草原类草地的气候主要受来自西伯利亚、蒙古的寒冷干燥气流控制，属半干旱类型，年降水量240～340mm，湿润度为0.3～0.4，蒸发量是降水量的5～7倍，大于等于0℃年积温在2 279～2 674℃。地形为丘陵和高平原，栗钙土是这类草地的代表土壤类型，植被由旱生的灌木、小灌木、半灌木、根茎禾草、丛生禾草组成。

这类草地的类型组合特点是，根据地形条件和土壤基质条件的差异，由平原丘陵干草原和沙地植被草场两个亚类构成。

呼伦贝尔草原区植被分布规律及基本特征见表1。

表1 呼伦贝尔草原区植被分布规律及基本特征

群系	分布地带	土壤类型	主要群落类型	主要植物种类
线叶菊群系	丘陵坡地的中上部	黑钙土、暗栗钙土	线叶菊+贝加尔针茅	细叶柴胡、防风、黄芩、蓬子菜、羊茅、日荫菅、沙参
			线叶菊+日荫菅	地榆、柴胡、大委陵菜、野火球、狭叶青蒿、广布野豌豆
贝加尔针茅群系	丘陵坡地的中下部	黑钙土、暗栗钙土	贝加尔针茅+线叶菊	日荫菅、麻花头、大针茅、柴胡、羊草
			贝加尔针茅+羊草	糙隐子草、洽草、达乌里胡枝子、扁蓄豆、日荫菅、线叶菊
羊草群系	高平原、丘陵坡地等排水良好的地形部位	黑钙土、暗栗钙土、普通栗钙土、草甸化栗钙土	羊草+贝加尔针茅	蓬子菜、日荫菅、线叶菊、柴胡、大油芒
			羊草+中生杂类草	山野豌豆、沙参、黄花苜蓿、地榆、蓬子菜
			羊草+旱生杂类草	冰草、糙隐子草、直立黄芪、知母
			羊草+日荫菅	蓬子菜、柴胡、唐松草、铁线莲
大针茅群系	高平原中、东部常与羊草草原交替分布	栗钙土、暗栗钙土	大针茅+羊草	洽草、糙隐子草、贝加尔针茅、柴胡
			大针茅+糙隐子草	羊草、冰草、冷蒿、伏地肤
克氏针茅群系	高平原西部、西部缓起伏丘陵坡地	栗钙土	克氏针茅+糙隐子草	冰草、洽草、寸草苔、冷蒿
			锦鸡儿+克氏针茅	糙隐子草、冷蒿、寸草苔、伏地肤

资料来源:《中国呼伦贝尔草地》(吉林科学技术出版社,1992)。

呼伦贝尔草原是中国当今保存完好的草原,水草丰美,有羊草、碱草、苜蓿、冰草等多种营养丰富的牧草,有牧草王国之称。呼伦贝尔草原植物资源丰富,共有维管束植物1 352种,分属108科468属,其中,被子植物共97科454属,裸子植物3科5属,蕨类植物11科14属。其中,以菊科最多,共有51属168种;第二位为禾本科,共有44属108种;第三位为蔷薇科,共有

23属66种；第四位为豆科，共有18属61种。这4个科占呼伦贝尔全市种子植物种数34%，莎草科、毛茛科、藜科、十字花科、百合科、廖科、石竹科、玄参科、杨柳科、伞形科、唇形科、紫草科、兰科、堇菜科、龙胆科、桔梗科、报春花科、景天科、鸢尾科、旋花科、虎耳草科、牻牛儿苗科、桦木科等27科是呼伦贝尔草原植物主体。

第二章

草原生态监测常用方法

一、主要术语及概念

1. 高度（height）

植株高度指从地面到植株的生殖枝或营养枝最高处的垂直高度，为测量植物体体长的指标。测量时取其自然高度或绝对高度。某种植物高度占最高植物种的高度的百分比称为高度比。

2. 盖度（coverage）

样方内植物盖度指植物地上部分的垂直投影面积占样地面积的百分比。填写数据精确到个位数（1%）。运用目测法测试盖度，是在设定了样方的基础上，根据经验，目测估计样方内各植物种冠层的投影面积占样方面积的比例，以此来确定植被盖度。运用目测法估测植被盖度需要一定的经验。通常，分盖度或层盖度之和大于总盖度。群落中某一物种的分盖度占所有分盖度之和的百分比，即相对盖度。某一物种的盖度占盖度最大物种的盖度的百分比称为盖度比（coverage ratio）。

3. 密度（density）

密度指单位面积上的植物株数。样地内某一物种的个体数占全部物种个体数的百分比称为相对密度（relative density）。某一物种的密度占群落中密度最高的物种密度的百分比称为密度比（density ratio）。

4. 多度（abundance）

多度表示一个种在群落中的个体数目。多度的统计方法，通常有两种，一种是个体的直接计算法，另一种是目测估计法。对于植物个体数量多，且植物体型小的群落，常用目测估计法。

5.频度（frequency）

频度即某个物种在调查范围内出现的频率。常按包含该物种个体的样方数占全部样方数的百分比来计算。

6.现存量（standing crop）

现存量指生态系统特定时刻全部活有机体的总重量。也常用于生物体的某些部分，如，地上部叶的现存量等，以生物体量来表示的较多，但也有以个体数来表示的。也有把现存量作为生物量的同义词，特别是对于植物一般常有这种用法。

7.生物量（biomass）

生物量是某一时间单位面积或体积栖息地内所含的一个或一个以上生物种，或一个生物群落中所有生物种的总个数或总干重（包括生物体内所存食物的重量）。生物量（干重）的单位通常用 g/m^2 表示。

8.物候期（phenological phase）

物候期指植物的生长、发育与变化对节候的反应，正在产生这种反应的时候叫物候期。包括返青（出苗）、生长、现蕾、开花、结实、果熟、落叶、休眠等生长、发育阶段。

9.土壤容重（soil bulk density）

土壤容重是指单位容积原状土壤中干土的质量，是一定容积的土壤（包括土粒及粒间的孔隙）烘干后质量与烘干前体积的比值，通常以 g/m^3 表示。

10.土壤含水量（soil water content）

土壤含水量是指一定量体积土壤中含有水分的数量，常以干土重的百分比表示，也称土壤含水率。

11.土壤剖面（soil profile）

土壤剖面指从地表到母质的垂直断面。从地面向下挖掘出来而暴露出来的土壤垂直切面，其深度一般是达到基岩或达到地表沉积体的一定深度。

二、前期准备

1. 制订工作计划

根据每年的野外监测工作，制订具体监测计划，确定调查方案。

2. 资料准备

植被类型图、草地资源类型图、土地利用现状图以及土壤、水文、地形图、行政区域图、交通图等资料。确定调查草地类型并确定方位。

3. 人员准备

根据工作任务制订工作方案和计划，技术指导组由有经验的专家和技术人员组成，以便解决调查过程中出现的技术问题。组建调查小组，按确定的调查方法和路线开展地面数据采集工作，完成外业调查任务，并由专人做好调查数据质控工作。

4. 工具准备

结合调查地点和内容，准备必需的设备和物资。主要设备有全球定位系统（GPS）、相机、烘箱、土钻（5cm）、根钻（7cm）、筛子、环刀、锤子、铁锹、剪刀、装根系网袋、土壤剖面尺、整理箱；样方测量用品有布袋，样方框，测绳，皮尺，直尺，卷尺等，电子天平，信封，自封袋，塑料袋，标本夹，标签，塑料绳；记录用品包括野外调查表格、野外记录本、文件夹、铅笔、记号笔、橡皮、卷笔刀等；其他设备、物资，如交通工具、雨具、饮用水等。

5. 技术培训

对参加草原地面监测的管理和技术人员进行培训，培训内容包括草原植被监测指标和技术方法规程、草原分类、植物物种鉴定、野外调查表格填写、野外数据获取方法等。

三、监测时间

测定时间以当地草地群落进入产草量高峰期为宜，在植物生长高峰期时进行，一般以7月中旬至8月下旬为宜。

四、样地设置

1.样地设置

选择的样地应具有代表性、地带性的草原类型，对其开展详细的群落分种描述，以及分种地上生物量、地上凋落物、地下生物量的测定；土壤样品采用固定深度法（0～10、10～20、20～30、30～40、40～50、50～60、60～80、80～100cm，共8层）获取；表层（0～10、10～20cm）土壤质地测定，按土壤颗粒的粒径分成沙粒2.0～0.02mm、粉粒0.02～0.002mm、黏粒<0.002mm 3个组分。

2.样方布设

在每个样地选择100m×100m区域进行取样调查，在其对角线上设置1条100m样线，在样线基础上设10个（或5个）1m×1m的草本样方。

五、观测内容

1.样地标识

在野外调查过程中，利用GPS仪找到调查样地所处的实际位置。在样地100m×100m的调查范围的中心位置设置永久性地标，方便开展样地的后续调查。

2.样地信息和命名体系

（1）样地名称（记载号码）

样地和样品编号采用"草地类型编号＋样地编号＋样方类型＋样方号＋样品类型，采样时间"原则。

（2）照片编号

对能够反映样地在地理和植被典型特征的景观和样方进行拍照，将照片按照样地号和样方号重新命名编号，填入记录表中。

（3）经度、纬度、海拔

使用GPS确定样地所在的经纬度及海拔高度，填入记录表中。经纬度统一用度分格式，如某样地GPS定位：北纬49°19′9.78″，东经120°5′52.32″，海拔680m；保存GPS设备中的样地和途经路线定位数据。

（4）市（盟）、县（旗）

按样地所在行政区行政名称填写，细化到旗、苏木和嘎查。

3.植被监测内容

①植物群落分布：群落类型及分布。

②植物群落结构：物种组成、高度、盖度、分种叶层自然高度、分种生殖枝高度、分种盖度、分种密度、物候期。

③植物地上生物量：群落绿色部分鲜重和干重、种群绿色部分鲜重和干重、立枯干重和凋落物干重。

④植物地下生物量：0～10、10～20、20～30、30～40、40～50、50～60cm。

⑤植物营养成分：优势种、混合种和凋落物的全碳、全氮、全磷、全钾、全硫、全钙、热值、粗脂肪、粗蛋白质、粗纤维、粗灰分。

4.土壤监测内容

表层和剖面理化性状：土壤全效养分、速效养分、阳离子交换量、容重、机械组成和全盐量。

六、草原生态系统野外观测方法

1.植被观测方法

（1）样方设置

在样地内选择具有代表整个样地草原植被、地形及土壤等特征的样方，其大小应以群落最小面积为准。一般样方面积为1m×1m，取10个重复样方，但对物种极为丰富的草甸草原和草甸可以将样方面积减小为0.5m×0.5m；灌木样方面积为5m×5m，可依据样地内灌木的数量和密度做相应调整，比如在植被较为稀疏的沙地，灌木样方面积可以增加至10m×10m，调查样线长度也可相应延长。

（2）样方测定指标及方法

①植物群落高度：测定从地面至草群顶部的自然高度，每个样方内随机测定7～10次，计算平均值。

②物种高度：测定样方中该物种所有个体的自然高度，计算平均值。

③植物群落盖度：利用网格法估测1m^{2}样方内，植物地上部垂直投影面积占地面总面积的百分比。

④种群盖度：分植物种，用网格法估测1m^{2}样方内，该植物种地上部垂直投影面积占样方内地表面积的百分比。

⑤种群密度：测定1m^{2}样方内某种植物的个体数目。对灌木和株丛型草

以植株或株丛计数，对根茎植物以地上枝条计数。

⑥物候期：从春初（5月）到秋末（9月），在固定地点取3～5个1m×1m样方，做好标记，选择的植物应相对固定，每种植物观测3～5株，雌雄异株植物应同时观测雌株和雄株；每隔1d观测1次，以下午为宜。按植物的萌动期、展叶期、开花期、果实或种子成熟期、果实脱落或种子散落期、黄枯期进行。

⑦植物生物量：与植物群落特征的调查随同进行，采用样方收获法测定，将样方内的植物地上部分分种齐地面剪下。将剪下的样品，分别装入牛皮纸信封中，编号并带回实验室，分别称其鲜重，再放入大小适宜的信封中，置于干燥箱内，80～105℃烘干至恒重。

⑧地下生物量：在取过地上生物量测定的样方内，采用根钻法获取根系，选择5个取样点，用7cm根钻在每个点位取1钻，将每钻同层的土壤合并在一起，每钻的深度分别为0～10、10～20、20～30、30～40、40～50、50～60cm；取好的样品，按层分装在尼龙袋中，并将写有样方号的塑料标签置于袋内；先拣去石块和杂物，用细筛筛去微细土粒，再用水冲洗，装进信封并标记好样方号，放进65℃烘箱烘至恒重。

⑨植物营养成分含量：将各样方内全部植物地上部按优势种、混合种和凋落物粉碎，化验分析全碳、全氮、全磷、全钾、全硫、全钙、热值，以及粗脂肪、粗蛋白质、粗纤维、粗灰分等。

2. 土壤调查方法

（1）按深度分层土壤取样

①操作样方：在草本样方（共5个重复）进行，需标记清楚土壤样品的样方号，以便与该样方的植物和根系样品相对应。

②调查方法：

土壤样品的采集：在5个取过地上生物量的样方内，将样方土壤表层的残留物清理干净，用直径5cm的土钻，分0～10、10～20、20～30、30～40、40～50、50～60cm，共6层，依次取样；各样地中，每个样方土钻数平均5钻左右，混合均匀，分层装在布袋中，做好标签，带回室内，过2mm筛并剔除植物残体。

土壤样品的处理：土样置于布袋里或牛皮纸上风干，并过2mm筛，去除石砾和明显根系。将风干后的土壤装进自封袋中，以备室内土壤样品的制备和测定。

（2）按深度分层容重取样

①土壤剖面测定方法：在样地挖大小为1.5m×0.5m×1m（长×宽×深）

的土壤剖面坑，将土壤剖面尺立于向阳剖面，对剖面进行拍照并编号，同时按照剖面深度（0～10、10～20、20～40、40～60、60～100cm）开展采样。

注意：将表层（0～20cm）和深层（20～100cm）土壤分别放置在样坑的两侧，以免破坏土壤结构，按照土壤层次回填，减少对环境的破坏。

②土壤容重测定方法：

土壤容重：指单位容积原状土壤（包括土粒及粒间的孔隙）干土的质量，通常以g/cm^{3}表示。

方法：采用环刀法（环刀直径5cm，体积为100cm^3），挖1个1.5m×0.5m×1m（长×宽×深）的土样坑。将样方土壤表面的植物残留物清除，用环刀按照0～10、10～20、20～30、30～40、40～50、50～60cm，依次从上至下取样，每层取3～5个重复，将不同层次的样品做好标记，带回室内，于105℃烘干至恒重，称重。

计算公式：ρ（g/m^3）=W/V。其中，ρ为土壤容重，W为烘干土壤质量（g），V为环刀容积（cm^3）。

第三章

草原生态监测常见植物

一、禾本科（Gramineae）

禾本科为一年生或多年生草本。根的类型大多数为须根。茎多为直立，但亦有匍匐蔓延乃至如藤状的。叶为单叶互生，常以1/2叶序交互排列为2行；叶鞘包裹着主秆和枝条的各节间，通常是开缝的，以其两边缘重叠覆盖，或两边缘愈合形成封闭的圆筒，鞘的基部稍膨大；叶舌位于叶鞘顶端和叶片相连接处的近轴面，通常为低矮的膜质薄片，或由鞘口燧毛来代替；叶片常为窄长的带形，亦有长圆形、卵圆形、卵形、披针形等形状，其基部直接着生在叶鞘顶端。花常无柄，在小穗上交互排列为2行以形成小穗；雄蕊3～6枚（也有更多的，但少见）下位，具纤细的花丝与2室纵裂开（少数可顶端孔裂）的花；雌蕊1枚，具无柄（少数有柄）、1室的子房，花柱2枚或3枚（少数为1枚或更多），其上端生有羽毛状或帚刷状柱头；子室内仅含1粒倒生胚珠，直立在近轴面（即靠近内释）一侧的基底。果实多为颖果。种子通常含有丰富的淀粉质胚乳及一小形胚体。

1. 羊草

学名：*Leymus chinensis* (Trin.) Tzvel.

别名：碱草

属：赖草属 *Leymus*

生境分布：分布于呼伦贝尔各旗、市、区的草原、低山丘陵、河滩和低地；属于多年生、旱生，或旱中生根茎型禾草。

主要价值：为内蒙古天然草场重要牧草资源，也可收割制成干草。耐寒、耐旱、耐碱，更耐践踏。为优等饲用禾草，营养价值丰富。

羊 草

2. 贝加尔针茅

学名： *Stipa baicalensis* Roshev.

别名： 狼针草

属： 针茅属 *Stipa*

生境分布： 分布于呼伦贝尔市各旗、市、区海拔700～4 000m的山坡和草地，为亚洲中部草原区草甸草原植被的重要建群种。属于多年生、中旱生、丛生草本。

主要价值： 为良好的饲用植物。幼嫩时为干草原、草甸草原地区牲畜喜食的牧草。

贝加尔针茅

3. 大针茅

学名：*Stipa grandis* P. Smirn.

属：针茅属 *Stipa*

生境分布：分布于满洲里市、牙克石市、扎兰屯市、根河市、鄂伦春自治旗、新巴尔虎左旗地区广阔、平坦的波状高原上，是亚洲中部草原亚区最具代表性的建群植物之一，大针茅草原是我国草原地带极为重要的一类天然草场。属于多年生、旱生、丛生草本。

主要价值：各种牲畜都可采食，基生叶丰富并能较完整保存至冬、春季，可为牲畜提供大量有价值的饲草。

大针茅

4. 西北针茅

学名：*Stipa sareptana* var. *krylovii* (Roshev.) P.C.Kuo et Y.H.S

别名：克氏针茅

属：针茅属 *Stipa*

西北针茅

生境分布： 分布于满洲里市、额尔古纳市、陈巴尔虎旗、新巴尔虎左旗、新巴尔虎右旗海拔440～4510m的山前洪积扇、平滩地或河谷阶地上，是亚洲中部草原区典型草原植被的建群种。属于多年生、旱生、丛生草本。

主要价值： 为草原地区冬季草场主要牧草。

5. 石生针茅

学名： *Stipa tianschanica* var. *klemenzii* (Roshev.) Norl.

别名： 克里门茨针茅

属： 针茅属 *Stipa*

生境分布： 分布于新巴尔虎左旗、新巴尔虎右旗，在盐渍化栗钙土上常形成小针茅群落片段。属于多年生、旱生、丛生小型草本。

主要价值： 为优等饲用植物。营养丰富，具有抓膘作用，枯草可长期保存。绵羊最理想的放牧场就是小针茅草原，在小针茅草原上饲养的绵羊肉味格外鲜美，闻名于全国各地。

石生针茅

6. 羽茅

学名： *Achnatherum sibiricum* (L.) Keng

别名： 西伯利亚芨芨草、西伯利亚羽茅、毛颖芨芨草、燕麦芨芨草、羽草、醉马草、光颖芨芨节、鲜卑芨芨草、光颖芨芨草

属： 芨芨草属 *Achnatherum*

生境分布： 分布于呼伦贝尔市各旗、市、区海拔650～3420m的山坡草地、林缘及路旁。属于多年生、中旱生、疏丛生草本。

主要价值： 可作为造纸原料，春、夏季青鲜时为牲畜所喜食的饲料。

羽 茅

7. 羊茅

学名：*Festuca ovina* L.

属：羊茅属 *Festuca*

生境分布：分布于呼伦贝尔市各旗、市、区海拔2 200 ~ 4 400m的高山草甸、草原、山坡草地、林下、灌丛及沙地。属于多年生、旱中生、密丛生禾草。

主要价值：具有较强的适生能力和较高的观赏价值，而且耐旱、耐践踏、耐修剪、绿色期长，羊茅草坪是较为流行的冷季型草坪。草质柔软，适口性好，羊和马喜食；晒制成干草，各种家畜均喜食。

羊 茅

8. 硬质早熟禾

学名：*Poa sphondylodes* Trin.

别名：龙须草

属：早熟禾属 *Poa*

生境分布：分布于呼伦贝尔市各旗、市、区的山地、沙地、草原、草甸、盐渍化草甸。属于多年生、旱生草本。

主要价值：为良好的饲用禾草，马、羊喜食。地上部分可入药，清热解毒、利尿通淋，主治小便淋涩、黄水疮。

硬质早熟禾

9. 草地早熟禾

学名：*Poa pratensis* L.

别名：六月禾、肯塔基

属：早熟禾属 *Poa*

生境分布：分布于海拉尔区、牙克石市、扎兰屯市、额尔古纳市、根河市、阿荣旗、莫力达瓦达斡尔族自治旗、鄂伦春自治旗、鄂温克族自治旗、陈巴尔虎旗、新巴尔虎左旗的湿润草甸、沙地、草坡。属于多年生、中生草本。

主要价值：为重要的牧草和草坪水土保持资源，世界各地普遍引种栽植。是优等饲用禾草，各种家畜均喜食，牛尤其喜食。可入药，有降血糖的作用。

草地早熟禾

10. 无芒隐子草

学名：*Cleistogenes songorica* (Roshev.) Ohwi

属：隐子草属 *Cleistogenes*

生境分布：分布于新巴尔虎右旗典型草原和荒漠草原。属于多年生、旱生、疏丛生草本。

主要价值：为优等放牧型小禾草，营养价值较高，粗蛋白质含量较高，各种家畜均喜采食。耐干旱，可被利用的时间较长，干枯后残留较好，不易被风刮走，能被家畜充分利用。

无芒隐子草

11. 糙隐子草

学名：*Cleistogenes squarrosa* (Trin.) Keng

别名：兔子毛

属：隐子草属 *Cleistogenes*

生境分布：分布于海拉尔区、满洲里市、牙克石市、鄂伦春自治旗、鄂

糙隐子草

温克族自治旗、陈巴尔虎旗、新巴尔虎左旗、新巴尔虎右旗的干草原、丘陵坡地、沙地，以及固定或半固定沙丘、山坡等处。属于多年生、旱生、丛生草本，是小禾草层片的优势种之一。

主要价值：为优良的牧草，各种家畜均喜采食，马最喜食。秋季植株干枯后，易被风吹集于沟内，为马与羊的抓膘草。

12. 狗尾草

学名：*Setaria viridis* (L.) Beauv.

别名：毛莠莠

属：狗尾草属 *Setaria*

生境分布：分布于呼伦贝尔市各旗、市、区海拔4 000m以下的荒野、道旁，为旱地作物中常见的一种杂草。属于一年生、中生杂草。

主要价值：秆、叶可作饲料，是牛、驴、马、羊爱吃的植物。也可入药，有清热利湿、祛风明目、解毒、杀虫的作用。主治风热感冒、黄疸、小儿疳积、痢疾、小便涩痛、目赤涩痛、目赤肿痛、痈肿、寻常疣、疮癣。全草加水煮沸20min后，滤出液可喷杀菜虫。小穗可提炼糠醛。

狗尾草

13. 虎尾草

学名：*Chloris virgata* Sw.

别名：棒槌草、刷子头、盘草

属：虎尾草属 *Chloris*

生境分布：生长于海拉尔区、满洲里市、阿荣旗、莫力达瓦达斡尔族自治旗、鄂温克族自治旗、陈巴尔虎旗、新巴尔虎左旗、新巴尔虎右旗的农田、撂荒地、路边。属于一年生、中生农田杂草。

主要价值：可供各种牲畜食用。

虎尾草

14. 洽草

学名：*Koeleria macrantha*（Ledebour）Schultes
属：洽草属 *Koeleria* Pers.
生境分布：分布于牙克石市、扎兰屯市、阿荣旗、莫力达瓦达斡尔族自治旗、鄂伦春自治旗，广泛生长在壤质、沙壤的黑钙土、栗钙土及固定沙丘上，在荒漠草原棕钙土上少见。属于多年生、旱生草本。
主要价值：为改良天然草场的优良草种，草质柔软，适口性好，羊最喜食。营养价值较高，对家畜抓膘有良好效果。

洽草

15. 拂子茅

学名： *Calamagrostis epigeios* (L.) Roth
别名： 怀绒草、狼尾草、山拂草、水茅草
属： 拂子茅属 *Calamagrostis*
生境分布： 分布于呼伦贝尔市各旗、市、区的河滩草甸及山地草甸、沟谷、低地、沙地。属于多年生、中生草本。
主要价值： 为中等饲用禾草，牲畜喜食；根茎顽强，抗盐碱土壤，耐强湿，是固定泥沙、保护河岸的良好材料。

拂子茅

16. 无芒雀麦

学名： *Bromus inermis* Leyss.
别名： 禾萱草、无芒草、光雀麦
属： 雀麦属 *Bromus*
生境分布： 生长于呼伦贝尔市各旗、市、区的林缘草甸、山坡、谷地、

无芒雀麦

河边路旁，为山地草甸草场（海拔 1 000 ～ 3 500m）优势种。属于多年生、中生草本。

主要价值：为著名的优良牧草，营养价值高，产量大，适口性好，利用季节长，耐寒旱，耐放牧，适应性强，为建立人工草场和环保固沙的主要草种，是新疆和北方各地的重要草种。世界各地均有引种栽培。

17. 缘毛披碱草

学名：*Elymus pendulinus* (Nevski) Tzvelev
别名：缘毛鹅观草
属：披碱草属 *Elymus*
生境分布：分布于鄂温克族自治旗、陈巴尔虎旗、新巴尔虎左旗、新巴尔虎右旗森林草原带和草原带的山坡、丘陵、沙地、草地。属于多年生、旱中生、疏丛生禾草。

缘毛披碱草

18. 沙芦草

学名：*Agropyron mongolicum* Keng
别名：蒙古冰草
属：冰草属 *Agropyron*
生境分布：分布于新巴尔虎右旗的干草原、沙地。属于多年生、旱生草本。

主要价值：为干旱草原地区的优良牧用禾草之一。早春鲜草为羊、牛、马等各类牲畜所喜食；抽穗以后适口性降低，牲畜不太喜食；秋季牲畜喜食再生草，冬季牧草干枯时牛和羊也喜食。

沙芦草

19.沙生冰草

学名：*Agropyron desertorum* (Fisch.) Schult.

别名：荒漠冰草

属：冰草属*Agropyron*

生境分布：分布于干草原、沙地、丘陵地、山坡及沙丘间低地。属于多年生、旱生草本。

主要价值：为优良牧草，各种家畜均喜食，尤以马、牛更喜食。

沙生冰草

20.垂穗披碱草

学名：*Elymus nutans* Griseb.

别名：钩头草、湾穗草

属：披碱草属 *Elymus*

生境分布：分布于扎兰屯市、阿荣旗山地森林草原带的林下、林缘、草甸、路旁。属于多年生、中生、疏丛生禾草。

主要价值：为中上等品质牧草，从返青至开花前，马、牛、羊喜食，尤其是马。用其调制成的青干草，是冬、春季马、牛、羊的良好保膘牧草。

垂穗披碱草

21. 披碱草

学名：*Elymus dahuricus* Turcz.

别名：直穗大麦草、野麦草

属：披碱草属 *Elymus*

生境分布：分布于呼伦贝尔市各旗、市、区的山坡草地或路边。属于多年生、中生、疏丛生大型禾草。

主要价值：为优质高产饲草。耐旱、耐寒、耐碱、耐风沙，具有较高的产草量。

披碱草

22. 赖草

学名：*Leymus secalinus* (Georgi) Tzvel.

别名：厚穗赖草、滨草、老披碱

属：赖草属 *Leymus*

生境分布：分布于扎兰屯市、阿荣旗、莫力达瓦达斡尔族自治旗，在草原带常生长于芨芨草盐渍化草甸和马蔺盐渍化草甸群落中，此外，也生长于沙地、丘陵地、山坡、田间、路旁。属于多年生、旱中生根状茎禾草。

主要价值：为良好的饲用禾草。根茎或全草入药，有清热利湿，止血的功效。主治感冒、淋病、哮喘、鼻出血、痰中带血。

赖 草

23. 异燕麦

学名：*Helictotrichon hookeri* (Scribner) Henrard

别名：野燕麦

属：异燕麦属 *Helictotrichon*

异燕麦

生境分布：分布于呼伦贝尔市各旗、市、区海拔160～3 400m的山坡草原、林缘及高山较潮湿的草地。属于多年生、旱生草本。

主要价值：为良好的饲用禾草。适口性良好，营养价值高，耐旱能力强。

24.光稃香草

学名：*Anthoxanthum glabrum* (Trinius) Veldkamp.

别名：香茅、光稃茅香、黄香草

属：黄花茅属 *Anthoxanthum*

生境分布：分布于呼伦贝尔市各旗、市、区海拔470～3 250m的山坡或湿润草地。属于多年生、中生草本。

主要价值：适口性较高，青草为马、牛等大家畜喜食。耐践踏，适作为放牧场的草种，与其他禾本科牧草混播，可提高其他牧草的适口性。

光稃香草

25.看麦娘

学名：*Alopecurus aequalis* Sobol.

看麦娘

别名：山高粱

属：看麦娘属 *Alopecurus*

生境分布：分布于牙克石市、扎兰屯市、额尔古纳市、根河市、阿荣旗、莫力达瓦达斡尔族自治旗、鄂伦春自治旗、鄂温克族自治旗、陈巴尔虎旗海拔较低的田边及潮湿地块。属于一年生、湿中生草本。

主要价值：全草入药，可利水消肿、解毒，能治水肿、水痘、小儿腹泻、消化不良。全草也为良好的饲草，适口性良好，各种家畜均乐食。

二、豆科（Fabaceae）

豆科为乔木、灌木、亚灌木或草本，直立或攀缘，常有能固氮的根瘤。叶常绿或落叶，通常互生，少数对生，常为一回或二回羽状复叶，叶具叶柄或无；托叶有或无，有时为叶状，或变为棘刺。花两性，少数为单性，辐射对称或两侧对称，通常排成总状花序、聚伞花序、穗状花序、头状花序或圆锥花序；花被2轮；萼片5片，分离或连合成管，有时为二唇形，少数退化或消失；花瓣5片，常与萼片的数目相等，有时构成蝶形花冠，近轴的1片称旗瓣，侧生的2片称翼瓣，远轴的2片常合生，称龙骨瓣，遮盖住雄蕊和雌蕊；雄蕊通常10枚，分离或连合成管，单体或二体雄蕊；雌蕊通常由单心皮组成，少数较多且离生，子房上位，1室，基部常有柄或无，沿腹缝线具侧膜胎座，胚珠2至多颗；花柱和柱头单一，顶生。果为荚果，成熟后沿缝线开裂，或不裂，或断裂成含单粒种子的荚节。种子通常具革质或膜质的种皮，生于长短不等的珠柄上，胚大，内胚乳无或极薄。

26. 披针叶野决明

学名：*Thermopsis lanceolata* R.Br.

别名：披针叶黄华、苦豆子

属：野决明属 *Thermopsis*

生境分布：分布于呼伦贝尔市各旗、市、区的草原沙丘、河岸和砾滩。为草甸草原带和草原带的草原化草甸、盐渍化草甸的伴生种，也见于荒漠草原和荒漠区的河岸盐渍化草甸、沙质地或石质山坡。属于多年生、耐盐、中旱生草本。

主要价值：含有生物碱，对家畜有毒害作用，故只有早春、晚秋至重霜后被家畜采食，而在春末至秋中期，各种家畜都不采食。全株有去痰止咳、止痛、止血的功效，可药用。

披针叶野决明

27. 花苜蓿

学名： *Medicago ruthenica* (L.) Trautv.

别名： 扁豆子、扁蓿豆、野苜蓿

属： 苜蓿属 *Medicago*

生境分布： 分布于呼伦贝尔市各旗、市、区的草原、沙地、河岸及沙砾质土壤的山坡旷野。属于多年生、广幅、中旱生草本。

主要价值： 为优等牧草。适口性好，各种家畜终年均喜食。家畜采食此草后，15～20d便可上膘，孕畜食后，所产仔畜较肥壮。抗旱能力较强，在干草原的沙质地、丘陵坡地及地下水位较高的沙窝子地均能生长。也可作为天然草场的补播材料，进一步引种驯化，推广栽培。

花苜蓿

28. 野苜蓿

学名： *Medicago falcata* L.

别名： 苜蓿草、黄花苜蓿

属：苜蓿属 *Medicago*

生境分布： 分布于海拉尔区、满洲里市、牙克石市、阿荣旗、莫力达瓦达斡尔族自治旗、鄂温克族自治旗、陈巴尔虎旗、新巴尔虎左旗、新巴尔虎右旗的沙质偏旱耕地、山坡、草原及河岸杂草丛中。属于多年生、耐寒、旱中生草本。

主要价值： 为优良饲用植物。各种家畜喜食，叶具有催肥作用。适应能力强，耐寒抗旱，耐盐碱，抗病虫害，是营养价值很高的野生牧草。全草入药，可降压利尿、消炎解毒，主治浮肿及各种恶疮。

野苜蓿

29. 草木樨

学名： *Melilotus officinalis* (L.) Pall.
别名： 辟汗草、黄花草木樨、黄香草木樨
属： 草木樨属 *Melilotus*

生境分布： 分布于呼伦贝尔市各旗、市、区的山坡、河岸、路旁、沙质草地及林缘。属于一年生或二年生、旱中生草本。原产于欧洲，为欧洲种，

草木樨

在我国属外来入侵种。

主要价值：根深，覆盖度大，防风防土效果极好，为改良草地、建立山地草场的良好资源。花蜜多，是很好的蜜源植物。秸秆可作燃料。抗逆性强，产量高，被誉为"宝贝草"。

30. 狭叶锦鸡儿

学名：*Caragana stenophylla* Pojark.
别名：红柠角
属：锦鸡儿属 *Caragana*
生境分布：分布于满洲里市、陈巴尔虎旗、新巴尔虎左旗的沙地、丘陵、低山阳坡。属于旱生小灌木。
主要价值：为良好的饲用植物。耐干旱，为良好的固沙和水土保持植物。

狭叶锦鸡儿

31. 小叶锦鸡儿

学名：*Caragana microphylla* Lam.
别名：小叶柠条、柠鸡儿、猴獠刺
属：锦鸡儿属 *Caragana*
生境分布：分布于海拉尔区、满洲里市、鄂温克族自治旗、陈巴尔虎旗、新巴尔虎左旗、新巴尔虎右旗的固定、半固定沙地，是干草原、荒漠草原地带的先锋树种。属于广幅、旱生灌木。
主要价值：为良好的防风、固沙和水土保持植物，在北方城市绿化中可丛植、孤植，多用于管理粗放或立地条件差的地区。枝条可作绿肥，嫩枝叶可作饲草。果实、花、根可入药，能治咽喉肿痛、头昏眩晕、风湿痹痛、咳嗽痰喘。

小叶锦鸡儿

32. 少花米口袋

学名： *Gueldenstaedtia verna* (Georgi) Boriss.

别名： 小米口袋、甜地丁

属： 米口袋属 *Gueldenstaedtia*

生境分布： 生于海拉尔区、陈巴尔虎旗海拔1 300m以下的山坡、路旁、田边等。属于多年生、旱生草本。

主要价值： 全草入药，治痈疽疔疮、瘰疬、丹毒、目赤肿痛、黄疸、肠炎、痢疾、毒蛇咬伤。春末，其花可作良好饲料，营养价值较高。

少花米口袋

33. 达乌里黄芪

学名： *Astragalus dahuricus* (Pall.) DC.

别名： 野豆角花、二人抬、驴干粮、达乎里黄芪、兴安黄芪

属：黄芪属 *Astragalus*

生境分布：分布于牙克石市、扎兰屯市、额尔古纳市、阿荣旗、莫力达瓦达斡尔族自治旗、鄂温克族自治旗、陈巴尔虎旗、新巴尔虎左旗、新巴尔虎右旗海拔400～2 500m的山坡和河滩草地，在农田、撂荒地及沟渠边也常有散生，为草原化草甸及草甸草原的伴生种。属于一年生或二年生、旱中生草本。

主要价值：全株可作饲料，大家畜特别喜食，故有驴干粮之称。可作绿肥，也可引种栽培，用作放牧或刈制干草。

达乌里黄芪

34. 草原黄芪

学名：*Astragalus dalaiensis* Kitag.

属：黄芪属 *Astragalus*

生境分布：分布于新巴尔虎右旗呼伦湖附近的干旱草地。属于多年生、中旱生草本。

草原黄芪

35.草木樨状黄芪

学名：*Astragalus melilotoides* Pall.
别名：草木樨状紫云英、扫帚苗、马梢
属：黄芪属 *Astragalus*
生境分布：分布于呼伦贝尔市各旗、市、区的向阳山坡、路旁草地或草甸草地，可在沙质及轻壤质土壤中生长。属于多年生、中旱生草本。
主要价值：春季幼嫩时，为马、牛喜食；山、绵羊喜食其茎上部和叶子。通过引种驯化，可培育为适应半干旱地区的优良牧草。可作为沙区及黄土丘陵地区水土保持草种，茎秆可做扫帚。全草入药，能祛湿，主治风湿性关节疼痛、四肢麻木。

草木樨状黄芪

36.斜茎黄芪

学名：*Astragalus laxmannii* Jacquin
别名：直立黄芪、地丁、马拌肠

斜茎黄芪

属：黄芪属 *Astragalus*

生境分布：分布于呼伦贝尔市各旗、市、区的向阳山坡灌丛及林缘地带，在森林草原及草原带中，是草甸草原的重要伴生种或亚优势种。属于多年生、中旱生草本。

主要价值：为优良牧草和保土植物。种子可入药，为强壮剂，治神经衰弱。

37. 多叶棘豆

学名：*Oxytropis myriophylla* (Pall.) DC.

别名：鸡翎草、狐尾藻棘豆

属：棘豆属 *Oxytropis*

生境分布：分布于呼伦贝尔市各旗、市、区的沙地、平坦草原、干河沟、丘陵地、轻度盐渍化沙地、石质山坡或海拔 1 200 ~ 1 700m 的低山坡。属于多年生、砾石生、中旱生草本。

主要价值：饲用价值不高。全草入药，有清热解毒、消肿、祛风湿、止血的功效。

多叶棘豆

38. 尖叶铁扫帚

学名：*Lespedeza juncea* (L. f.) Pers.

别名：铁扫帚、尖叶胡枝子

属：胡枝子属 *Lespedeza*

生境分布：分布于海拉尔区、牙克石市、扎兰屯市、额尔古纳市、根河市、鄂伦春自治旗、鄂温克族自治旗、新巴尔虎左旗、新巴尔虎右旗的山坡灌丛间，常见于草甸草原带的丘陵坡地、沙质地，也见于栎林边缘的干山坡。属于中旱生小半灌木。

主要价值：为耐旱、耐贫瘠生境的牧草，叶和上部嫩枝的适口性较好。在华北或西北地区低山丘陵区较干燥的石砾山坡地区，可作为水土保持植物。

尖叶铁扫帚

39. 兴安胡枝子

学名：*Lespedeza davurica* (Laxmann) Schindler.

别名：达乌里胡枝子、牛枝子、牛筋子

属：胡枝子属 *Lespedeza*

生境分布：分布于呼伦贝尔市各旗、市、区，主要分布于森林草原和草原地带的干山坡、丘陵坡地、沙质地，为草原群落的次优势成分或伴生成分。属于中旱生小半灌木。

主要价值：为优等饲用植物，是耐旱、耐瘠薄土壤的优良牧草，其适口性最好的部分为花、叶及嫩枝梢，马、牛、羊、驴最为喜食。适于放牧或刈制干草，也可作为改良干旱、退化或趋于沙化草场的材料，或作为山地、丘陵地及沙地的水土保持植物。

兴安胡枝子

40. 山野豌豆

学名： *Vicia amoena* Fisch. ex DC.

别名： 落豆秧、豆豌豌、山黑豆、透骨草

属： 野豌豆属 *Vicia*

生境分布： 分布于呼伦贝尔市各旗、市、区海拔80~7 500m的草甸、山坡、灌丛或杂木林中。属于多年生、旱中生草本。

主要价值： 为优良牧草，牲畜喜食。可药用，有祛湿、清热解毒之效，为疮洗剂。繁殖迅速，再生力强，是防风、固沙、水土保持植物及绿肥作物。花期长，色彩艳丽，可用于绿篱、荒山、园林绿化以及建立人工草场，或作为早春蜜源植物。

山野豌豆

41. 广布野豌豆

学名： *Vicia cracca* L.

别名： 草藤、落豆秧

属： 野豌豆属 *Vicia*

广布野豌豆

生境分布：分布于海拉尔区、满洲里市、额尔古纳市、鄂温克族自治旗的草甸、林缘、山坡、河滩草地及灌丛。属于多年生、中生草本。

主要价值：为水土保持植物及绿肥作物。嫩时为牛、羊等牲畜喜食的饲料，花期早春，为蜜源植物。全草可入药。

42. 甘草

学名：*Glycyrrhiza uralensis* Fisch.

别名：甜草根、红甘草、粉甘草、乌拉尔甘草

属：甘草属 *Glycyrrhiza*

生境分布：分布于海拉尔区、满洲里市、阿荣旗、鄂温克族自治旗、陈巴尔虎旗、新巴尔虎左旗、新巴尔虎右旗的干旱沙地、河岸沙质地、山坡草地及盐渍化土壤中。属于多年生、中旱生草本。

主要价值：根和根状茎药用，可缓急止痛、润肺止咳、泻火解毒、调和诸药。为中等饲用植物，鄂尔多斯市牧民常将其刈制成干草，于冬季补喂幼畜。

甘 草

三、菊科（Asteraceae）

菊科为一年生或多年生草本，少数为灌木或乔木，有时有乳汁管或树脂道。叶通常互生，少数对生或轮生，无托叶，有时叶柄基部扩大成托叶状。花两性或单性，极少有单性异株，整齐或左右对称，5基数，少数或多数密集成头状花序或短穗状花序；花序托平或凸起，具窝孔或无窝孔，无毛或有毛；萼片不发育，通常形成鳞片状、刚毛状或毛状的冠毛；花冠常辐射对称，管状，或左右对称，二唇形，或舌状，头状花序盘状或辐射状；雄蕊4～5个，着生于花冠管上，花药内向，合生成筒状，基部钝，锐尖，戟形或具尾；花柱上端两裂，花柱分枝上端有附器或无附器；子房下位，合生心

皮2枚，1室，具1个直立的胚珠。果为不开裂的下位瘦果或连萼瘦果。种子无胚乳。

43. 阿尔泰狗娃花

学名：*Aster altaicus* Willd.

别名：阿尔泰紫菀

属：紫菀属 *Aster*

生境分布：分布于海拉尔区、满洲里市、阿荣旗、莫力达瓦达斡尔族自治旗、鄂温克族自治旗、陈巴尔虎旗、新巴尔虎左旗、新巴尔虎右旗的草原、荒漠地、沙地及干旱山地。属于多年生、中旱生草本。

主要价值：为中等饲用植物，家畜仅采食部分结构。在生长早期，山羊及绵羊乐食其嫩枝叶，绵羊喜食其花。开花后，骆驼爱采食其地上部分。干枯后羊乐食，其他家畜也采食。全草及根入药。

阿尔泰狗娃花

44. 高山紫菀

学名：*Aster alpinus* L.

高山紫菀

别名：高岭紫菀

属：紫菀属 *Aster*

生境分布：分布于牙克石市、扎兰屯市、额尔古纳市、根河市、鄂伦春自治旗、鄂温克族自治旗、陈巴尔虎旗、新巴尔虎右旗森林带和草原带的山地草原、林下，喜碎石土壤。属于多年生、中生草本。

主要价值：全草可入药，可清热解毒，用于治疗风热头痛、结膜炎。

45. 火绒草

学名：*Leontopodium leontopodioides*（Willd.）Beauv.

别名：火绒蒿、大头毛香、老头草、老头艾

属：火绒草属 *Leontopodium*

生境分布：分布于呼伦贝尔市各旗、市、区的干草原、坡地、石砾地、山区草地。属于多年生、旱生草本。

主要价值：全草药用，对蛋白尿及血尿有一定效果。

火绒草

46. 柳叶旋覆花

学名：*Inula salicina* L.

柳叶旋覆花

别名：歌仙草

属：旋覆花属 *Inula*

生境分布：分布于满洲里市、牙克石市、额尔古纳市、根河市、鄂温克族自治旗、陈巴尔虎旗、新巴尔虎左旗的山坡草地、半温润和湿润草地。属于多年生、中生草本。

主要价值：含有丰富的维生素，可供药用。

47.苍耳

学名：*Xanthium strumarium* L.

别名：卷耳、菍、苓耳、胡菜、地葵、枲耳、莫耳、白胡荽、常枲、爵耳

属：苍耳属 *Xanthium*

生境分布：分布于呼伦贝尔市各旗、市、区的平原、丘陵、低山、荒野路边、田边。属于一年生、中生草本。

主要价值：种子可榨油，苍耳子油与桐油的性质相仿，可掺和桐油制油漆，也可作为油墨、肥皂、油毡的原料；还可用于制作硬化油及润滑油。可入药，治麻风；种子利尿、发汗；茎叶捣烂后涂敷，治疥癣、虫咬伤等。

苍　耳

48.蒿状亚菊

学名：*Ajania achilleoides* (Turcz.) Poljakov ex Grubov

别名：蒿状艾菊

属：亚菊属 *Ajania*

生境分布：分布于新巴尔虎右旗的草原和荒漠草原地带的沙质壤土、低山碎石、石质坡地。属于强旱生小半灌木。

主要价值：为饲用植物。春、秋季马、牛喜食或乐食，羊全年喜食。

著状亚菊

49. 细叶菊

学名： *Chrysanthemum maximowiczii* Komarov

属： 菊属 *Chrysanthemum*

生境分布： 分布于满洲里市、陈巴尔虎旗的山坡、湖边和沙丘上。属于二年生、中生草本。

主要价值： 可作为观赏植物。

细叶菊

50. 线叶菊

学名： *Filifolium sibiricum* (L.) Kitam.

别名： 兔毛蒿

属： 线叶菊属 *Filifolium*

生境分布： 分布于呼伦贝尔市各旗、市、区的山坡草地。属于多年生、耐寒性、中旱生草本。

主要价值：为中等或劣等饲用植物。全草入药，可清热解毒、抗菌消炎、安神镇惊、调经止血。

线叶菊

51. 大籽蒿

学名：*Artemisia sieversiana* Ehrhart ex Willd.

别名：大白蒿、白蒿

属：蒿属 *Artemisia*

生境分布：分布于呼伦贝尔市各旗、市、区，多生于路旁、荒地、河漫滩、草原、森林草原、干山坡或林缘等，局部地区成片生长，为植物群落的建群种或优势种。属于一年生或二年生、中生草本。

主要价值：在牧区作牲畜饲料。全草入药，有消炎、清热、止血之效；在高原地区用于治疗太阳紫外线辐射引起的灼伤。

大籽蒿

52. 龙蒿

学名：*Artemisia dracunculus* L.

别名：椒蒿、狭叶青蒿、蛇蒿、青蒿

属：蒿属 *Artemisia*

生境分布：分布于呼伦贝尔市各旗、市、区的山坡草地、山谷沙滩地和河流阶地上。属于多年生、半灌木状草本。

主要价值：全草入药，可清热祛风、利尿；治风寒感冒。在牧区作牲畜饲料。苏联曾用其治疗水肿和抗坏血病。

龙　蒿

53. 猪毛蒿

学名：*Artemisia scoparia* Waldst. et Kit.

别名：滨蒿、东北茵陈蒿

属：蒿属 *Artemisia*

猪毛蒿

生境分布：分布于呼伦贝尔市各旗、市、区的山坡、林缘、路旁以及荒漠边缘地区。属于一年生或二年生、旱生或中旱生草本。

主要价值：为中等牧草，一般家畜均喜食，调制成干草适口性更佳。幼苗或嫩茎叶可入药，治黄疸型肝炎、胆囊炎、小便色黄不利、湿疮瘙痒、湿温初起。

54. 碱蒿

学名：*Artemisia anethifolia* Web. ex Stechm

别名：盐蒿、大莳萝蒿、糜糜蒿

属：蒿属 *Artemisia*

生境分布：分布于海拉尔区、满洲里市、鄂温克族自治旗、陈巴尔虎旗、新巴尔虎左旗、新巴尔虎右旗海拔800～2300m附近的干山坡、干河谷、碱性滩地、盐渍化草原附近、荒地及固定沙丘附近。属于一年生或二年生、盐生、中生草本。

主要价值：基生叶可作为中药茵陈的代用品。在牧区作牲畜饲料。

碱　蒿

55. 蒙古蒿

学名：*Artemisia mongolica* (Fisch. ex Bess.) Nakai

别名：蒙蒿、狭叶蒿、狼尾蒿

属：蒿属 *Artemisia*

生境分布：分布于呼伦贝尔市各旗、市、区森林带的阔叶林下、林缘和草原带的沙地、河谷、撂荒地。属于多年生、中生草本。

主要价值：全草入药，为"艾"（家艾）的代用品，有温经、止血、散寒、祛湿等作用，可提取芳香油，供化学工业用；全株作牲畜饲料，也可作为纤维与造纸的原料。

蒙古蒿

56.冷蒿

学名：*Artemisia frigida* Willd.

别名：白蒿、小白蒿、兔毛蒿、寒地蒿

属：蒿属 *Artemisia*

生境分布：分布于海拉尔区、满洲里市、牙克石市、阿荣旗、鄂温克族自治旗、陈巴尔虎旗、新巴尔虎左旗、新巴尔虎右旗的森林草原、草原、荒漠草原及干旱与半干旱地区的山坡、路旁、砾质旷地、固定沙丘。属于多年生、广幅、旱生、半灌木状草本。

主要价值：为营养价值良好的饲料。全草入药，有止痛、消炎、镇咳作用，可作为茵陈的代用品。

冷 蒿

57. 沙蒿

学名：*Artemisia desertorum* Spreng. Syst. Veg.

别名：漠蒿、荒漠蒿

属：蒿属 *Artemisia*

生境分布：分布于海拉尔区、满洲里市、鄂伦春自治旗、鄂温克族自治旗、陈巴尔虎旗、新巴尔虎左旗、新巴尔虎右旗的草原、草甸、森林草原、荒坡、砾质坡地、干河谷、河岸边、林缘及路旁。属于多年生、旱生草本。

主要价值：为中上等饲用植物。在蒿属饲用植物中，为适口性最好的品种，全年山羊、绵羊，以及马、牛、驴喜食。在黄土丘陵、低山坡地是较好的地被植物，具有极好的保持水土作用。

沙　蒿

58. 光沙蒿

学名：*Artemisia oxycephala* Kitag.

光沙蒿

别名：沙蒿、小白蒿

属：蒿属 *Artemisia*

生境分布：分布于新巴尔虎左旗的干草原、干山坡、固定沙丘、沙碱地。属于多年生、沙生、旱生或中旱生、半灌木状草本。

主要价值：在牧区作为牲畜的饲料。可作为防风固沙的辅助性植物。

59.裂叶蒿

学名：*Artemisia tanacetifolia* Linn.

别名：条蒿、深山菊蒿

属：蒿属 *Artemisia*

生境分布：分布于呼伦贝尔市各旗、市、区的森林草原、草原、草甸、林缘或疏林中，以及盐土性草原、草坡及灌丛等处。属于多年生、中生草本。

主要价值：青绿时家畜不喜食，为低等饲用植物。全草入药，煎水洗治黄水疮、秃疮、斑秃、皮癣。

裂叶蒿

60.黄花蒿

学名：*Artemisia annua* L.

别名：草蒿、青蒿、臭黄蒿

属：蒿属 *Artemisia*

生境分布：分布于呼伦贝尔市各旗、市、区的草原、森林草原、干河谷、半荒漠及砾质坡地。属于一年生、中生草本。

主要价值：在牧区作牲畜饲料。全草入药，可清热解疟、祛风止痒，主治伤暑、疟疾、潮热、小儿惊风、热泻、恶疮疥癣。

黄花蒿

61. 差不嘎蒿

学名：*Artemisia halodendron* Turcz. ex Bess.

别名：盐蒿、沙蒿、褐沙蒿

属：蒿属 *Artemisia*

生境分布：分布于海拉尔区、满洲里市、鄂温克族自治旗、陈巴尔虎旗、新巴尔虎左旗、新巴尔虎右旗的荒漠草原、草原、森林草原、砾质坡地，在荒漠的局部地区构成植物群落的优势种。属于沙生、中旱生半灌木。

主要价值：固沙性能强，为良好的固沙植物之一。嫩枝及叶入药，有止咳、镇喘、祛痰、消炎、解表之效。蒙医用其治疗慢性气管炎及支气管哮喘等。

差不嘎蒿

62. 东北牡蒿

学名：*Artemisia manshurica*（Komar.）Komar.

别名：关东牡蒿

属：蒿属 *Artemisia*

生境分布：分布于牙克石市、扎兰屯市、额尔古纳市、根河市、莫力达瓦达斡尔族自治旗、鄂伦春自治旗、鄂温克族自治旗、陈巴尔虎旗、新巴尔虎左旗的山坡、林缘、草原、森林草原、灌丛、路旁及沟边。属于多年生、中生草本。

主要价值：可入药，有消炎、解毒、清热等效果。

东北牡蒿

63. 栉叶蒿

学名：*Neopallasia pectinata* (Pallas) Poljakov.

别名：篦齿蒿、恶臭蒿、粘蒿、籽蒿

属：栉叶蒿属 *Neopallasia*

生境分布：分布于荒漠、河谷砾石地及山坡荒地。生长于壤质或黏壤质土壤。

主要价值：地上部分可入药，有清肝利胆、消炎止痛的效果。在中药方面，用于治疗急性黄疸型肝炎、头痛、头晕。在蒙药方面，用于治疗口苦、黄疸、发热、肝胆热症、"协日"头痛、不思饮食、上吐下泻。

栉叶蒿

64. 狗舌草

学名：*Tephroseris kirilowii* (Turcz. ex DC.) Holub

别名：狗舌头草、白火丹草、铜交杯、糯米青

属：狗舌草属 *Tephroseris*

生境分布：分布于海拉尔区、满洲里市、牙克石市、扎兰屯市、根河市、莫力达瓦达斡尔族自治旗、鄂伦春自治旗、鄂温克族自治旗、陈巴尔虎旗、新巴尔虎左旗、新巴尔虎右旗的草原、草甸草原、山地林缘以及草地山坡或山顶阳处。属于多年生、旱中生草本。

主要价值：全草入药，有清热解毒、利尿的效果。用于治疗肺脓疡、尿路感染、小便不利、白血病、口腔炎、疖肿。

狗舌草

65. 草地风毛菊

学名：*Saussurea amara* (L.) DC.

草地风毛菊

别名：驴耳风毛菊、羊耳朵

属：风毛菊属 *Saussurea*

生境分布：分布于呼伦贝尔市各旗、市、区的荒地、路边、森林草地、山坡、草原、盐碱地、沙丘。属于多年生、中生草本。

主要价值：为中等饲用植物，冬、春季羊与骆驼乐食。全草入药，可清热解毒、消肿、杀"粘"。

66. 柳叶风毛菊

学名：*Saussurea salicifolia* (L.) DC.

属：风毛菊属 *Saussurea*

生境分布：分布于产海拉尔区、满洲里市、牙克石市、扎兰屯市、鄂温克族自治旗、陈巴尔虎旗、新巴尔虎左旗、新巴尔虎右旗的草甸、山沟阴湿处。属于多年生、中旱生、半灌木状草本。

柳叶风毛菊

67. 麻花头

学名：*Klasea centauroides* (L.) Cass.

别名：菠叶麻花头、兴安麻花头

属：麻花头属 *Klasea*

生境分布：分布于海拉尔区、牙克石市、扎兰屯市、额尔古纳市、阿荣旗、莫力达瓦达斡尔族自治旗、陈巴尔虎旗、新巴尔虎左旗、新巴尔虎右旗海拔1 100～1 590m的山坡林缘、草原、草甸、路旁或田间。属于多年生、旱中生草本。

主要价值：为中等牧草。早春返青后的基生叶片，牛、马、羊均喜食。

秋季，刈割调制成干草后，各种家畜均喜食。冬季放牧时，各种家畜均采食。由于麻花头的花大、美丽，可作观赏植物引种栽培。

麻花头

68. 拐轴鸦葱

学名：*Scorzonera divaricata* Turcz.
别名：叉枝鸦葱、苦葵鸦葱、散枝鸦葱、分枝鸦葱
属：鸦葱属 *Scorzonera*
生境分布：分布于半荒漠带丘间低地、草原、干旱河谷、干旱山坡、固定沙丘、荒漠草甸、荒漠草原山谷、荒漠丘间低地，以及路边、沙地、沙丘、沙质草甸、山坡草甸。属于多年生、中旱生草本。
主要价值：为中等饲用植物。青鲜时羊、骆驼乐意采食。以鲜植物汁液入药，可消肿散结，主治瘊子。

拐轴鸦葱

69. 细叶鸦葱

学名：*Scorzonera pusilla* Pall.
属：鸦葱属 *Scorzonera*

生境分布：分布于海拉尔区、牙克石市、扎兰屯市、额尔古纳市、根河市、莫力达瓦达斡尔族自治旗、鄂伦春自治旗、鄂温克族自治旗、陈巴尔虎旗、新巴尔虎左旗的石质山坡、平坦沙地、半固定沙丘、盐碱地、路边、荒地、山前平原。属于多年生、中生草本。

主要价值：根入药，能清热解毒、消炎、通乳，主治疗毒恶疮、乳痈、外感风热。

细叶鸦葱

70. 东北鸦葱

学名：*Scorzonera manshurica* Nakai

属：鸦葱属 *Scorzonera*

生境分布：生长于干山坡、石砾地、沙丘或干草原上。属于多年生草本。

主要价值：根入药，能清热解毒。可植于山坡、草坪边缘、路边或岩石园，适宜在疏松土壤上种植。

东北鸦葱

71. 蒲公英

学名：*Taraxacum mongolicum* Hand.-Mazz.

别名：蒲公草、婆婆丁、蒙古蒲公英、姑姑英

属：蒲公英属 *Taraxacum*

生境分布：分布于海拉尔区、满洲里市、扎兰屯市、根河市、莫力达瓦达斡尔族自治旗、鄂伦春自治旗、鄂温克族自治旗、陈巴尔虎旗、新巴尔虎左旗、新巴尔虎右旗的山坡草地、路边、田野、河滩。属于多年生、中生草本。

主要价值：全草可药用，有清热解毒、消肿散结的功效。

蒲公英

72. 中华苦荬菜

学名：*Ixeris chinense* (Thunb.) Nakai

别名：中华小苦荬、黄鼠草、苦菜、小苦麦菜

属：苦荬菜属 *Ixeris*

生境分布：分布于呼伦贝尔市各旗、市、区的山坡路旁、田野、河边灌丛或岩石缝隙中。属于多年生、旱生草本。

主要价值：全草入药，可清热解毒。用于缓解头痛、牙痛、胃肠痛及中小手术后疼痛。

中华苦荬菜

73.细叶小苦荬

学名： *Ixeridium gracile* (DC.) Shih

属： 小苦荬属 *Ixeridium*

生境分布： 分布于呼伦贝尔市各旗、市、区的沙质草原、石质山坡、沙质地、田野、路旁。属于多年生、中旱生草本。

细叶小苦荬

74.碱菀

学名： *Tripolium pannonicum* (Jacquin) Dobroczajeva

别名： 竹叶菊、铁杆蒿、金盏菜

属： 碱菀属 *Tripolium*

生境分布： 分布于海拉尔区、满洲里市、鄂温克族自治旗、陈巴尔虎旗、新巴尔虎左旗、新巴尔虎右旗的湖滨、沼泽及盐碱地。属于一年生、耐盐、中生草本。

碱　菀

75.粗毛山柳菊

学名：*Hieracium virosum* Pall.
属：山柳菊属 *Hieracium*
生境分布：分布于海拉尔区、牙克石市、扎兰屯市、额尔古纳市、根河市、鄂伦春自治旗、鄂温克族自治旗、陈巴尔虎旗、新巴尔虎左旗海拔1 700～2 100m的山坡草地、林下或灌丛中。属于多年生、中生草本。

粗毛山柳菊

四、毛茛科（Ranunculaceae）

毛茛科为多年生或一年生草本，少有灌木或木质藤本。叶通常互生或基生，少数对生，单叶或复叶，通常掌状分裂，无托叶。花两性，整齐，5基数；花萼和花瓣均离生；雄蕊和雌蕊多，离生，螺旋状排列于膨大的花托上。果实为蓇葖或瘦果，少数为蒴果或浆果。种子有小的胚和丰富胚乳。

76.展枝唐松草

学名：*Thalictrum squarrosum* Steph.et Willd
别名：歧序唐松草、坚唐松草、猫爪子
属：唐松草属 *Thalictrum*
生境分布：分布于呼伦贝尔市各旗、市、区的平原草地、田边或干燥草坡。属于多年生、中旱生草本。
主要价值：秋霜或在冬季干枯状态下，可将其与其他植物同时刈割，作为家畜的冬春饲料。全草入药，可清热解毒、健胃制酸、发汗。叶含鞣质，可提制栲胶。

展枝唐松草

77. 瓣蕊唐松草

学名： *Thalictrum petaloideum* L.

别名： 马尾黄连、多花蔷薇

属： 唐松草属 *Thalictrum*

生境分布： 分布于牙克石市、扎兰屯市、额尔古纳市、根河市、鄂伦春自治旗、鄂温克族自治旗、陈巴尔虎旗、新巴尔虎左旗的山坡草地。属于多年生、旱中生杂类草。

主要价值： 根可治黄疸型肝炎、腹泻、痢疾、渗出性皮炎等。用于药用植物园或植物群落的布置。花小、繁密，花丝下垂披散，潇洒飘逸，适宜于野生花卉园或自然风景园丛植点缀，亦可盆栽观赏。

瓣蕊唐松草

78. 箭头唐松草

学名： *Thalictrum simplex* L.

别名： 水黄连、金鸡脚下黄、黄脚鸡、硬杆水黄连

属：唐松草属 *Thalictrum*

生境分布：分布于呼伦贝尔市各旗、市、区海拔1 400 ~ 2 400m的山地草坡或沟边。属于多年生、中生杂类草。

主要价值：全草入药，有清湿热、解毒的作用。根含有小檗碱，对小鼠有镇静作用。

箭头唐松草

79.掌叶白头翁

学名：*Pulsatilla patens* subsp. *multifida* (Pritzel) Zamelis

属：白头翁属 *Pulsatilla*

生境分布：分布于牙克石市、扎兰屯市、额尔古纳市、根河市、阿荣旗、鄂伦春自治旗、鄂温克族自治旗的林间草甸和上地草甸。属于多年生、中生草本。

掌叶白头翁

80.细叶白头翁

学名：*Pulsatilla turczaninovii* Kryl. et Serg.

别名：毛姑朵花

属：白头翁属 *Pulsatilla*

生境分布：分布于海拉尔区、满洲里市、牙克石市、扎兰屯市、额尔古纳市、阿荣旗、莫力达瓦达斡尔族自治旗、鄂温克族自治旗、陈巴尔虎旗、新巴尔虎左旗、新巴尔虎右旗的草原或山地草坡或林边。属于多年生、中旱生草本。

主要价值：根状茎药用，治细菌性痢疾、阿米巴痢疾、痔疮出血、淋巴结核等症；全草可治风湿性关节炎。早春，为山羊、绵羊乐食。

细叶白头翁

81. 棉团铁线莲

学名：*Clematis hexapetala* Pall.

别名：山蓼、棉花子花、野棉花

属：铁线莲属 *Clematis*

生境分布：分布于呼伦贝尔市各旗、市、区的固定沙丘、干山坡或山坡草地。属于多年生、中旱生草本。

棉团铁线莲

主要价值：根药用，有解热、镇痛、利尿、通经的作用，治风湿症、水肿、神经痛、痔疮肿痛；作农药，对马铃薯疫病和红蜘蛛有良好的防治作用；花大、美丽，可作观赏植物。

82. 芍药

学名：*Paeonia lactiflora* Pall.

别名：将离、离草、婪尾春、余容、犁食、没骨花、黑牵夷、红药

属：芍药属 *Paeonia*

生境分布：生于海拔480～700m的山坡草地及林下。属于多年生草本。

主要价值：根药用，称"白芍"，能镇痛、镇痉、祛瘀、通经；种子含油量约25%，可供制皂和涂料用；芍药花大、色艳，观赏性佳，和牡丹搭配可在视觉效果上延长花期，因此常和牡丹搭配种植。

芍 药

五、莎草科（Cyperaceae）

莎草科为多年生或一年生草本。多数具根状茎，少数兼具块茎。秆实心，常为三棱形，无节。叶基生和秆生，一般具闭合的叶鞘和狭长的叶片，有时仅有鞘而无叶片。花小，两性或单性，生于小穗鳞片（常称为颖）的腋内，小穗复排成穗状花序、总状花序、圆锥状花序、头状花序或聚伞花序等各种花序；花被缺，或为下位刚毛、丝毛，或鳞片；雄蕊3枚，少数为1～2枚，花丝线形，花药底着；子房上位，1室，有直立的胚珠1颗，花柱单一，细长或基部膨大、宿存，柱头2～3个。果实为小坚果，三棱形，双凸状，平凸状，或球形。

83. 寸草薹

学名：*Carex duriuscula* C. A. Mey.

别名：卵穗薹草、羊胡草

属：薹草属 *Carex*

生境分布：分布于牙克石市、扎兰屯市、阿荣旗、莫力达瓦达斡尔族自治旗森林带和草原带的轻度盐渍低地。属于多年生、中旱生草本。

主要价值：为优良牧草。早春，草质柔软并含有丰富的养分，适口性好，马、牛、羊、驴等家畜最喜食，骆驼喜食。生长低矮，营养繁殖能力强，丛生，耐践踏，是北方绿化城市的草皮植物。

寸草薹

84. 柄状薹草

学名：*Carex pediformis* C.A.Mey

别名：脚苔草、日阴菅、硬叶薹草

属：薹草属 *Carex*

生境分布：分布于海拉尔区、满洲里市、牙克石市、新巴尔虎左旗、根河市、额尔古纳市、扎兰屯市、鄂温克族自治旗、鄂伦春自治旗的山地、丘陵坡地、湿润沙地、草原、林下及林缘、草原、山坡、疏林下或林间坡地。属于多年生、中旱生草本。

柄状薹草

主要价值：为优良牧草。耐践踏，属放牧型牧草，牛、马、羊喜食。干草可用于编织各种垫子。

85.黄囊薹草

学名：*Carex korshinskyi*（Kom.）Malyschev
属：薹草属 *Carex*
生境分布：分布于海拉尔区、满洲里市、扎兰屯市、鄂温克族自治旗、陈巴尔虎旗、新巴尔虎左旗、新巴尔虎右旗的草原、山坡或沙丘地带。属于多年生、中旱生草本。
主要价值：可作为饲用植物。

黄囊薹草

六、百合科（Liliaceae）

百合科为多年生草本，少数为亚灌木或乔木状。直立或攀缘，具根状茎、块茎或鳞茎。叶互生或基生，少数对生或轮生。花单生，两性，少单性异株或杂性，辐射对称；花被片6片，花瓣状，两轮，离生或合生；雄蕊6枚，花丝分离或连合；子房上位，常为3室。蒴果或浆果，少坚果。种子胚乳丰富。

86.硬皮葱

学名：*Allium ledebourianum* Roem. et Schult.
别名：小葱、硬皮韭
属：葱属 *Allium*
生境分布：分布于牙克石市、额尔古纳市、鄂伦春自治旗的湿润草地、沟边、河谷、山坡以及沙地上。属于多年生、旱中生草本。

硬皮葱

87. 野韭

学名： *Allium ramosum* L.

属： 葱属 *Allium*

生境分布： 分布于海拉尔区、满洲里市、扎兰屯市、莫力达瓦达斡尔族自治旗、鄂伦春自治旗、鄂温克族自治旗、陈巴尔虎旗、新巴尔虎左旗、新巴尔虎右旗的向阳山坡、草坡或草地上。属于多年生、中旱生草本。

主要价值： 为优等饲用植物。羊和牛喜食，马乐食。叶可食用，花和花葶可腌渍做成"韭菜花"，调味佐食。性味辛、温，有补肾益阳、健胃提神、调整脏腑、暖胃除湿、散血行癖和解毒等作用。

野 韭

88. 蒙古韭

学名： *Allium mongolicum* Regel

别名： 沙葱

属： 葱属 *Allium*

生境分布：分布于满洲里市、新巴尔虎右旗的荒漠、沙地或干旱山坡。属于多年生、旱生草本。

主要价值：为优等饲用植物。不仅大小牲畜均喜食并具有抓膘作用，马、羊、骆驼采食蒙古韭，可减少鼻、咽腔受寄生虫感染的概率。全草入药，主治痢疾、秃疮、冻疮。是产地牧民最广泛食用的野生蔬菜。

蒙古韭

89. 细叶韭

学名：*Allium tenuissimum* L.

别名：札麻、细叶、细丝葱

属：葱属 *Allium*

生境分布：分布于海拉尔区、满洲里市、牙克石市、扎兰屯市、鄂温克族自治旗、陈巴尔虎旗、新巴尔虎左旗、新巴尔虎右旗的山坡、草地或沙丘上。属于多年生、旱生草本。

主要价值：为优等饲用植物。各种牲畜均喜食。花序与种子可作调味品。

细叶韭

90. 砂韭

学名：*Allium bidentatum* Fisch.ex Prokh. et Ikonnikov-Galitzky

别名：双齿葱

属：葱属 *Allium*

生境分布：分布于满洲里市、海拉尔区、额尔古纳市、鄂温克族自治旗、陈巴尔虎旗、新巴尔虎左旗、新巴尔虎右旗的向阳山坡或草原上。属于多年生、旱生草本。

主要价值：为优等饲用植物。羊、马、骆驼喜食，牛乐食。

砂 韭

91. 矮韭

学名：*Allium anisopodium* Ledeb.

别名：矮葱

属：葱属 *Allium*

生境分布：分布于海拉尔区、满洲里市、牙克石市、扎兰屯市、阿荣旗、莫力达瓦达斡尔族自治旗、鄂伦春自治旗、鄂温克族自治旗、陈巴尔虎旗、新巴尔虎左旗、新巴尔虎右旗的山坡、草地或沙丘。属于多年生、中旱生草本。

主要价值：为优等饲用植物。羊、马、骆驼喜食。

矮 韭

92. 山丹

学名：*Lilium pumilum* DC.

别名：细叶百合、山丹百合、山丹丹

属：百合属 *Lilium*

生境分布：分布于呼伦贝尔市各旗、市、区的山坡草地或林缘。属于多年生、中生草本。

主要价值：鳞茎含淀粉，可食用。可入药，有滋补强壮、止咳祛痰、利尿等功效。花美丽，可栽培供观赏，含挥发油，可提取作香料用。

山 丹

93.毛百合

学名：*Lilium dauricum* Ker-Gawl.

别名：卷帘百合

属：百合属 *Lilium*

生境分布：分布于海拉尔区、牙克石市、扎兰屯市、额尔古纳市、根河市、阿荣旗、莫力达瓦达斡尔族自治旗、鄂伦春自治旗、鄂温克族自治旗、陈巴尔虎旗的山坡灌丛间、疏林下、路边及湿润的草甸。属于多年生、中生草本。

主要价值：鳞茎含淀粉，可食用、酿酒或药用。可作为观赏植物栽培。

毛百合

94. 渥丹

学名: *Lilium concolor* Salisb.

别名: 山灯子花、有斑百合、卷丹百合

属: 百合属 *Lilium*

生境分布: 分布于牙克石市、扎兰屯市、额尔古纳市、鄂伦春自治旗的阳坡草地和林下湿地。属于多年生、中生草本。

主要价值: 花色艳丽,可用来布置花坛或制作切花。鳞茎含淀粉,可食用或酿酒,也可入药,有滋补、强壮、止咳之功效。花含芳香油,可作香料。

渥 丹

95. 天门冬

学名: *Asparagus cochinchinensis* (Lour.) Merr.

别名: 三百棒,丝冬,老虎尾巴根,天冬草,明天冬,非洲天门冬,满冬

属: 天门冬属 *Asparagus*

生境分布: 生长于海拔1 750m以下的山坡、路旁、疏林下、山谷或荒地上。属于多年生攀缘植物。

天门冬

主要价值：块根是常用的中药，有滋阴润燥、清火止咳之效。主治阴虚发热、咳嗽吐血、肺痿、肺痈、咽喉肿痛、消渴、便秘、小便不利。

96. 兴安天门冬

学名：*Asparagus dauricus* Link
别名：药鸡豆
属：天门冬属 *Asparagus*
生境分布：分布于海拉尔区、满洲里市、牙克石市、扎兰屯市、阿荣旗、莫力达瓦达斡尔族自治旗、鄂伦春自治旗、鄂温克族自治旗、陈巴尔虎旗、新巴尔虎左旗、新巴尔虎右旗的沙丘或干燥山坡上。属于多年生、中旱生草本。
主要价值：为中等饲用植物。幼嫩时绵羊、山羊乐食。

兴安天门冬

97. 知母

学名：*Anemarrhena asphodeloides* Bunge
别名：蚔母、连母、野蓼、地参、兔子油草、穿地龙
属：知母属 *Anemarrhena*
生境分布：分布于海拉尔区、牙克石市、额尔古纳市、根河市、莫力达瓦达斡尔族自治旗、陈巴尔虎旗的山坡、草地或路旁较干燥或向阳的地方。属于多年生、中旱生草本。
主要价值：干燥根状茎为著名中药，性苦寒，有滋阴降火、润燥滑肠、利大小便之效。

知 母

98.藜芦

学名：*Veratrum nigrum* L.

别名：人头发、黑藜芦

属：藜芦属 *Veratrum*

生境分布：分布于呼伦贝尔市各旗、市、区的山坡林下或草丛中。属于多年生、中生草本。

主要价值：可入药，用于中风、癫狂痰涎涌盛、跌打瘀肿、疥癣。根茎及根入药，可以治疗涌吐，以及散瘀、止痛、杀虫。

藜 芦

七、鸢尾科（Iridaceae）

鸢尾科为多年生草本，少数为一年生。地下部分通常具根状茎、球茎或鳞茎。叶多基生，基部成鞘状。大多数种类只有花茎，少数有分枝或不分枝的地上茎。花两性，辐射对称；花或几花序下有 1 至多个草质或膜质的苞片；花被裂片 6 片，两轮排列，花被管通常为丝状或喇叭形；雄蕊 3 枚，花药多外向开裂；花柱 1 枚，上部多有 3 个分枝，分枝圆柱形或扁平呈花瓣状，柱头 3 ~ 6 个，子房下位，3 室，中轴胎座，胚珠多数。蒴果，成熟时室背开裂。种子多半圆形，或为不规则的多面体。

99. 野鸢尾

学名：*Iris dichotoma* Pall.
别名：二歧鸢尾、射干鸢尾、白射干、芭蕉扇
属：鸢尾属 *Iris*
生境分布：分布于海拉尔区、满洲里市、牙克石市、扎兰屯市、莫力达瓦达斡尔族自治旗、鄂伦春自治旗、鄂温克族自治旗、陈巴尔虎旗、新巴尔虎左旗、新巴尔虎右旗的沙质草地、山坡石隙等地的向阳干燥处。属于多年生、中旱生草本。

主要价值：根茎含白射干素，可清热解毒、活血消肿、止痛止咳。为中等饲用植物，在秋季霜后牛、羊采食。

野鸢尾

100. 细叶鸢尾

学名：*Iris tenuifolia* Pall.
别名：老牛筋、圆马莲
属：鸢尾属 *Iris*
生境分布：分布于海拉尔区、满洲里市、牙克石市、扎兰屯市、鄂温克族自治旗、陈巴尔虎旗、新巴尔虎左旗、新巴尔虎右旗的固定沙丘或沙质地上。属于多年生、旱生草本。

主要价值：根、种子与花可入药，能安胎养血，治胎动血崩。叶可制作绳索，或脱胶后用于制麻。

细叶鸢尾

101.囊花鸢尾

学名： *Iris ventricosa* Pall.

别名： 巨苞鸢尾

属： 鸢尾属 *Iris*

生境分布： 分布于呼伦贝尔市各旗、市、区的固定沙丘或沙质草甸。属于多年生、中旱生草本。

主要价值： 为中等饲用植物，且具有较高的园艺价值。

囊花鸢尾

102.紫苞鸢尾

学名： *Iris ruthenica* Ker.-Gawl.

别名： 俄罗斯鸢尾、紫石蒲、苏联鸢尾、细茎鸢尾

属： 鸢尾属 *Iris*

生境分布： 生长于向阳草地或石质山坡。属于多年生草本。

主要价值： 具有较高的园艺价值。

紫苞鸢尾

103. 粗根鸢尾

学名：*Iris tigridia* Bunge

别名：拟虎鸢尾、粗根马莲

属：鸢尾属 *Iris*

生境分布：分布于呼伦贝尔市各旗、市、区的固定沙丘、沙质草原或干山坡上。属于多年生、旱生草本。

主要价值：具有较高的园艺价值。为中等饲用植物，春季羊采食。

粗根鸢尾

104. 黄花鸢尾

学名：*Iris wilsonii* C. H. Wright

别名：黄菖蒲

属：鸢尾属 *Iris*

生境分布：分布于海拉尔区的山坡草丛、林缘草地及河旁沟边的湿地。属于多年生、旱中生草本。

黄花鸢尾

主要价值：根状茎入药，可治咽喉肿痛。花大、色艳丽，可布置于园林中池畔河边的水湿处或浅水区，观赏价值很高。

105.马蔺

学名：*Iris lactea* Pall.
别名：马莲、马兰、马兰花、旱蒲
属：鸢尾属 *Iris*
生境分布：分布于呼伦贝尔市各旗、市、区的荒地、路旁及山坡草丛中。属于多年生、中生草本。
主要价值：各类牲畜，尤其是绵羊喜食。马蔺的花、种子、根均可入药，能清热解毒、止血、利尿，主治咽喉肿痛、吐血、衄血、月经过多、小便不利、淋病、白带、肝炎、疮疖痈肿等。作为纤维植物，可以代替麻生产纸、绳，叶是编制工艺品的原料，根可以制作刷子。耐高温、干旱、水涝、盐碱，适用于中国北方气候干燥、土壤沙化地区的水土保持和盐碱地的绿化改造。

马 蔺

八、桔梗科（Campanulaceae）

桔梗科为一年生或多年生草本，少数为灌木、小乔木或草质藤本。具根状茎或茎基，大多数种类具乳汁管。叶为单叶、互生，少数对生或轮生，无托叶。花序种类多，最常见的是聚伞花序；花两性，大多5数，辐射对称或两侧对称；花萼通常上位；花冠合瓣，辐射对称；花丝基部常扩大成片状，无毛或边缘密生茸毛；花药内向，极少侧向，在两侧对称的花中，花药常不等大，常有两个或多个花药，有顶生刚毛；子房下位，或半上位，少数为完全上位，2～6室；花柱单一，常在柱头下有毛，柱头2～6裂；胚珠多数，大多着生于中轴胎座上。果通常为蒴果，或为不规则撕裂的干果，少为浆果。种子多，有或无棱，胚直，具胚乳。

106. 桔梗

学名：*Platycodon grandiflorus* (Jacq.) A. DC.
别名：铃当花
属：桔梗属 *Platycodon*
生境分布：分布于牙克石市、扎兰屯市、额尔古纳市、根河市、阿荣旗、莫力达瓦达斡尔族自治旗、鄂伦春自治旗、鄂温克族自治旗的阳处草丛、灌丛中，少生于林下。属于多年生、中生草本。
主要价值：根药用，含桔梗皂苷，有止咳、祛痰、消炎（治胸膜炎）等效。

桔 梗

107. 轮叶沙参

学名：*Adenophora tetraphylla* (Thunb.) Fisch.
别名：四叶沙参、南沙参
属：沙参属 *Adenophora*
生境分布：分布于牙克石市、扎兰屯市、额尔古纳市、根河市、阿荣旗、鄂伦春自治旗、鄂温克族自治旗、陈巴尔虎旗、新巴尔虎左旗的山地林缘、河滩草甸、固定沙丘间草甸。属于多年生、中生草本。
主要价值：根入药。在中药方面，用于治疗肺热咳嗽、咳痰稠黄、虚劳久咳、咽干舌燥、津伤口渴；在蒙药方面，用于治疗红肿、"希日乌素"病、牛皮癣、关节炎、痛风症、游痛症、"青腿"病、麻风病。

轮叶沙参

108. 狭叶沙参

学名： *Adenophora gmelinii* (Spreng.) Fisch.

别名： 柳叶沙参、厚叶沙参

属： 沙参属 *Adenophora*

生境分布： 分布于呼伦贝尔市各旗、市、区的草甸草原、山坡草地或林缘。属于多年生、旱中生草本。

主要价值： 根入药，有清热养阴、润肺止咳之效。主治气管炎、百日咳、肺热咳嗽、咯痰黄稠。

狭叶沙参

109. 长柱沙参

学名： *Adenophora stenanthina* (Ledeb.) Kitagawa

别名： 泡沙参

属：沙参属 *Adenophora*

生境分布：分布于海拉尔区、满洲里市、牙克石市、扎兰屯市、鄂温克族自治旗、陈巴尔虎旗、新巴尔虎左旗、新巴尔虎右旗的山地草甸草原、沟谷草甸、灌丛、石质丘陵、草原及沙丘。属于多年生、旱中生草本。

主要价值：根入药，可滋阴润肺。用于治疗肺热阴虚所致燥咳及劳嗽咯血、热病伤津、舌干口渴、食欲缺乏等。

长柱沙参

九、蔷薇科（Rosaceae）

蔷薇科为草本、灌木或小乔木。有刺或无刺，有时攀缘状。叶互生，常有托叶。花两性，辐射对称；花托凸隆至凹陷；萼片和花瓣同数，通常4～5片，覆瓦状排列，稀无花瓣，萼片有时具副萼；花部5基数，轮状排列；花被与雄蕊常结合成花筒；雄蕊5至多枚，少数为1～2枚，花丝离生，少数合生；子房由1至多个分离或合生的心皮组成，上位或下位；花柱与心皮同数，有时连合，顶生、侧生或基生；胚珠每室1至多颗。果实为蓇葖果、瘦果、梨果或核果，稀蒴果。种子通常不含胚乳。

110. 山荆子

学名：*Malus baccata* (L.) Borkh.

别名：山定子、林荆子、山丁子

属：苹果属 *Malus*

生境分布：分布于呼伦贝尔市除新巴尔虎右旗、满洲里市以外地区的山坡杂木林中及山谷阴处灌木丛中。属于中生、落叶、阔叶小乔木或乔木。

主要价值：可入药，止泻痢，主治痢疾、吐泻。为良好的蜜源植物。木材纹理通直，结构细致，可用于印刻雕版、细木工、工具把等。嫩叶可作为茶叶的替代品，还可作家畜饲料。耐寒力强，在中国东北、华北各地用作苹果和花红等砧木，也可作培育耐寒苹果品种的原始材料。可作庭园观赏树种。

山荆子

111. 地榆

学名： *Sanguisorba officinalis* L.
别名： 黄瓜香、山地瓜、猪人参、血箭草
属： 地榆属 *Sanguisorba*
生境分布： 分布于呼伦贝尔市各旗、市、区的草原、草甸、山坡草地、灌丛中、疏林下。属于多年生、中生草本。
主要价值： 根入药，具有止血凉血、清热解毒、收敛止泻及抑制多种致病微生物和肿瘤的作用。叶形美观，可作花境背景或栽植于庭园、花园供观赏。可用于炒食、汤、腌菜及色拉，还可将其浸泡在啤酒或清凉饮料里增加风味。

地　榆

112. 粉花地榆

学名： *Sanguisorba officinalis* var. *carnea* (Fisch.) Regel ex Maxim.

属： 地榆属 *Sanguisorba*

生境分布： 分布于鄂温克族自治旗、陈巴尔虎旗草原带的山地阴坡。属于多年生、中生草本。

粉花地榆

113. 小白花地榆

学名： *Sanguisorba tenuifolia* var. *alba* Trautv.et Mey.

属： 地榆属 *Sanguisorba*

生境分布： 分布于呼伦贝尔市各旗、市、区森林带的湿地、草甸、林缘及林下。属于多年生、中生草本。

主要价值： 根含鞣质，亦作地榆入药，有收敛、止血、消炎作用。

小白花地榆

114. 星毛委陵菜

学名： *Potentilla acaulis* L.
别名： 羊耳朵、毛委陵菜、无茎萎陵菜
属： 委陵菜属 *Potentilla*
生境分布： 分布于呼伦贝尔市各旗、市、区的山坡草地、沙原草滩、黄土坡、多砾石瘠薄山坡。属于多年生、旱生草本。
主要价值： 属于放牧型草，适口性不好，仅为中等偏低的饲用植物。春季绵羊、山羊吃其嫩枝叶和花，对羊只保膘有一定意义。根茎发达，在山丘坡地有保持水土的积极作用。

星毛委陵菜

115. 二裂委陵菜

学名： *Potentilla bifurca* L.
别名： 痔疮草、叉叶委陵菜
属： 委陵菜属 *Potentilla*
生境分布： 分布于呼伦贝尔市各旗、市、区的地边、道旁、沙、滩、山

二裂委陵菜

坡草地、黄土坡、半干旱荒漠草原及疏林下。属于多年生、广幅、旱生草本或亚灌木。

主要价值：为中等饲料植物，羊与骆驼均喜食。幼芽密集簇生，形成红紫色的垫状丛。

116. 白萼委陵菜

学名： *Potentilla betonicifolia* Poir.

别名： 白叶委陵菜、三出叶委陵菜、三出委陵菜、草杜仲

属： 委陵菜属 *Potentilla*

生境分布： 分布于呼伦贝尔市各旗、市、区的山坡草地及岩石缝间。属于多年生、砾石生、草原旱生草本。

主要价值： 根入药，可利水消肿。

白萼委陵菜

117. 腺毛委陵菜

学名： *Potentilla longifolia* Willd. ex Schlecht.

别名： 粘委陵菜、粘萎陵菜

腺毛委陵菜

属：委陵菜属 *Potentilla*

生境分布：分布于呼伦贝尔市各旗、市、区的山坡草地、高山灌丛、林缘及疏林下。属于多年生、中旱生草本。

主要价值：全草入药，可清热解毒、止血止痢。

118. 匍枝委陵菜

学名：*Potentilla flagellaris* Willd. ex Schlecht.

别名：蔓委陵菜、鸡儿头苗

属：委陵菜属 *Potentilla*

生境分布：分布于呼伦贝尔市各旗、市、区的阴湿草地、水泉旁边及疏林下。属于多年生、中生、匍匐草本。

主要价值：嫩苗可食，也可作饲料。

匍枝委陵菜

119. 菊叶委陵菜

学名：*Potentilla tanacetifolia* Willd. ex Schlecht.

别名：叉菊委陵菜、蒿叶委陵菜

菊叶委陵菜

属：委陵菜属 *Potentilla*

生境分布：分布于海拉尔区、满洲里市、牙克石市、扎兰屯市、额尔古纳市、莫力达瓦达斡尔族自治旗、鄂伦春自治旗、鄂温克族自治旗、陈巴尔虎旗、新巴尔虎左旗、新巴尔虎右旗的山坡草地、低洼地、沙地、草原、丛林边。属于多年生、中旱生草本。

主要价值：为中等饲用植物。夏、秋季牛与马采食。全草入药，有清热解毒、消炎止血之效，根含鞣质。

120. 大萼委陵菜

学名：*Potentilla conferta* Bge.

别名：白毛委陵菜、大头委陵菜

属：委陵菜属 *Potentilla*

生境分布：分布于海拉尔区、牙克石市、扎兰屯市、额尔古纳市、莫力达瓦达斡尔族自治旗、鄂伦春自治旗、鄂温克族自治旗、新巴尔虎左旗、新巴尔虎右旗的耕地边、山坡草地、沟谷、草甸及灌丛中。属于多年生、旱生草本。

主要价值：根入药，有清热、凉血、止血之效。

大萼委陵菜

121. 轮叶委陵菜

学名：*Potentilla verticillaris* Steph. ex Willd.

别名：轮叶萎陵菜

属：委陵菜属 *Potentilla*

生境分布：分布于海拉尔区、满洲里市、牙克石市、扎兰屯市、额尔古纳市、莫力达瓦达斡尔族自治旗、鄂温克族自治旗、陈巴尔虎旗、新巴尔虎左旗、新巴尔虎右旗的干旱山坡、河滩沙地、草原及灌丛下。属于多年生、旱生草本。

轮叶委陵菜

122. 伏毛山莓草

学名：*Sibbaldia adpressa* Bge.

别名：伏毛山莓、十蕊山霉草、五蕊梅

属：山莓草属 *Sibbaldia*

生境分布：分布于新巴尔虎左旗、新巴尔虎右旗的农田边、山坡草地、砾石地及河滩地。属于多年生、旱生草本。

伏毛山莓草

十、牻牛儿苗科（Geraniaceae）

牻牛儿苗科为草本，少数为亚灌木或灌木。叶互生或对生，叶片通常为掌状或羽状分裂，具托叶。聚伞花序腋生或顶生，稀花单生；花两性，整齐，辐射对称，少数为两侧对称；萼片5片，宿存；花瓣5片，少数为4片，覆瓦状排列；雄蕊10～15枚，2轮，外轮与花瓣对生，花丝基部合生或分离，花药"丁"字形着生，纵裂；子房上位，通常3～5室，每室具1～2颗倒生胚珠；花柱通常下部合生，上部分离。果实为蒴果，成熟时果瓣通常

爆裂，少数不开裂，开裂的果瓣常由基部向上反卷或呈螺旋状卷曲，顶部通常附着于中轴顶端。种子具微小胚乳或无胚乳。

123. 牻牛儿苗

学名：*Erodium stephanianum* Willd.

别名：救荒本草、太阳花

属：牻牛儿苗属 *Erodium*

生境分布：分布于呼伦贝尔市各旗、市、区的干山坡、农田边、沙质河滩地和草原凹地等。属于一年生或二年生、旱中生杂草。

主要价值：全草可药用，有祛风除湿和清热解毒之效。

牻牛儿苗

124. 草地老鹳草

学名：*Geranium pratense* L.

别名：草甸老鹳草

草地老鹳草

属：老鹳草属 *Geranium*

生境分布：分布于呼伦贝尔市各旗、市、区的山地林下、林缘草甸、灌丛、草甸、河边湿地。属于多年生、中生草本。

主要价值：全草入药，可治菌痢。

十一、木贼科（Equisetaceae）

木贼科为小型或中型蕨类，土生、湿生或浅水生。根茎长，横行，黑色，有分枝，有节，节上生根，被茸毛。叶退化或细小，鳞片状，轮生。孢子囊穗顶生，圆柱形或椭圆形，有的具长柄；孢子叶轮生，盾状，彼此密接，每个孢子叶下面生有5～10个孢子囊；孢子囊多，一型，着生于盾状鳞片形的孢子叶下面，在枝顶形成单独的椭圆形的孢子囊穗；孢子近球形，有4条弹丝，无裂缝，具薄而透明周壁，有细颗粒状纹饰。

125. 问荆

学名：*Equisetum arvense* L.

别名：接续草、公母草、搂接草、空心草、马蜂草、节节草、接骨草

属：木贼属 *Equisetum*

生境分布：分布于呼伦贝尔市各旗、市、区森林带和草原带的草地、河边、沙地。属于多年生、中生草本。

主要价值：饲用部分为茎，整个生长季节都很柔软，可利用时间较长；夏季牛和马乐食，羊喜食问荆干草。可刈割干草，干草中粗蛋白质含量较高。

问 荆

十二、檀香科（Santalaceae）

檀香科为半寄生灌木、草本或乔木，多数为根寄生，也有茎寄生的。单

叶，互生或对生，有时退化呈鳞片状，无托叶。花小、不明显，两性或单性，通常单生，有的簇生于叶腋或成小穗状；雄蕊与花被裂片同数且对生，常着生于花被裂片基部；子房1室或5～12室（由横生隔膜形成）；花柱常不分枝，柱头小、头状、截平或稍分裂；胚珠1～3颗，无珠被，着生于特立中央胎座顶端或自顶端悬垂。核果或小坚果。种子1粒，胚乳丰富，肉质，通常为白色，常分裂。

126. 长叶百蕊草

学名：*Thesium longifolium* Turcz.
别名：九仙草、山柏枝、绿珊瑚
属：百蕊草属 *Thesium*
生境分布：分布于额尔古纳市、根河市的森林带和草原带的沙地、沙质草原、山坡、山地草原、林缘、灌丛中，也见于山顶草地、草甸上。属于多年生、中旱生草本。
主要价值：全草入药，可退热解痉、消炎杀虫，治小儿肺炎、咳嗽、肝炎、小儿惊风、血小板减少性紫癜、虫积、血吸虫病。

长叶百蕊草

十三、蓼科（Polygonaceae）

蓼科为一年生或多年生草本，少数为灌木或小乔木。茎通常具膨大的节。叶单叶互生，有托叶鞘。花两性，少数为单性，辐射对称；花序由若干个小聚伞花序排成总状、穗状或圆锥状；花被片3～6片；雄蕊6～9枚，极少为16枚，有花盘；雌蕊1枚，子房上位，1室，花柱2～4枚。瘦果，三棱形或双凸镜状，全部或部分包于宿存的花被内。胚弯生或直立，胚乳丰富。

127. 直根酸模

学名： *Rumex thyrsiflorus* Fingrh.
别名： 东北酸模
属： 酸模属 *Rumex*
生境分布： 分布于海拉尔区、阿荣旗、鄂温克族自治旗、陈巴尔虎旗、新巴尔虎左旗的草原区东部山地、河边、低湿地和比较湿润的固定沙地。属于多年生、中生草本。

直根酸模

128. 叉分蓼

学名： *Polygonum divaricatum* L.
别名： 酸浆、酸不溜
属： 蓼属 *Polygonum*
生境分布： 分布于海拉尔区、满洲里市、牙克石市、额尔古纳市、阿荣旗、鄂温克族自治旗、新巴尔虎旗的山坡草地、山谷灌丛。属于多年生、旱中生草本。

主要价值： 适口性好，各种畜禽均喜食。全草入药，可清热消积、散瘿止泻；根入药，可祛寒温肾、理气止痛、止泻止痢。

叉分蓼

129. 细叶蓼

学名：*Polygonum taquetii* Lévl.

别名：穗下蓼

属：蓼属 *Polygonum*

生境分布：分布于海拉尔区、满洲里市、鄂温克族自治旗、陈巴尔虎旗、新巴尔虎左旗、新巴尔虎右旗的山谷湿地、沟边、水边以及草原或森林的附近的干山坡上。属于多年生、旱中生草本。

主要价值：青鲜状态牛、羊、马、骆驼乐食。

细叶蓼

十四、藜科（Chenopodiaceae）

藜科为一年生草本、半灌木、灌木，少数为多年生草本或小乔木。茎和枝有时具关节。叶互生或对生，肉质，无托叶。花为单被花，两性，较少为杂性或单性，辐射对称；花单生、簇生，或为穗状、圆锥状花序；雄蕊常与花被片同数、对生，或略少于花被片数；雌蕊由2～3片心皮合成；子房上位，卵形至球形，1室1颗胚珠，基生，直立或悬垂于珠柄上；花柱顶生，通常极短；柱头通常2个，很少为3～5个，丝状或钻形，很少为近于头状，四周或仅内侧面具颗粒状或毛状突起；胚珠1颗，弯生。果实为胞果，很少为盖果。种子直立、横生或斜生；胚环形、半环形或螺旋形。

130. 猪毛菜

学名：*Salsola collina* Pall.

别名：扎蓬棵、刺蓬、三叉明棵、猪毛缨

属：猪毛菜属 *Salsola*

生境分布：分布于呼伦贝尔市各旗、市、区的村边、路边及荒芜场所。属于一年生、旱中生草本。

主要价值：全草入药，有降血压作用；嫩茎、叶可食用。

猪毛菜

131. 木地肤

学名：*Kochia prostrata* (L.) Schrad.

别名：红杆蒿、伏地肤

属：地肤属 *Kochia*

生境分布：分布于海拉尔区、满洲里市、牙克石市、阿荣旗、鄂伦春自治旗、鄂温克族自治旗、陈巴尔虎旗、新巴尔虎左旗、新巴尔虎右旗的山坡、沙地、荒漠等处。属于旱生小半灌木。

主要价值：为优良牧草，各类牲畜均喜食。

木地肤

132. 灰绿藜

学名： *Chenopodium glaucum* L.

别名： 水灰菜、盐灰菜

属： 藜属 *Chenopodium*

生境分布： 分布于呼伦贝尔市各旗、市、区的农田、菜园、村房、水边等有轻度盐碱的土壤。属于一年生、耐盐、中生杂草。

主要价值： 为适应盐碱生境的先锋植物。叶中富含蛋白质，可作为饲料添加剂和人类食品添加剂。在盐碱地种植可降低土壤含盐量，增加土壤的有机质，达到明显改良土壤性质的作用。

灰绿藜

133. 尖头叶藜

学名： *Chenopodium acuminatum* Willd.

别名： 绿珠藜、圆叶菜、渐尖藜

属： 藜属 *Chenopodium*

尖头叶藜

生境分布：分布于海拉尔区、满洲里市、额尔古纳市、鄂温克族自治旗、陈巴尔虎旗、新巴尔虎左旗、新巴尔虎右旗的盐碱地、河岸沙质地、撂荒地和居民点的沙壤土。属于一年生、中生杂草。

主要价值：为养猪饲料。青绿时骆驼稍采食，开花结实后，山羊、绵羊采食其籽实。种子可榨油。

134. 刺藜

学名：*Dysphania aristata* (Linnaeus) Mosyakin & Clemants
别名：刺穗藜、针尖藜
属：腺毛藜属 *Dysphania*
生境分布：分布于呼伦贝尔市各旗、市、区的沙质地或固定沙地，为农田杂草。属于一年生、中生杂草。

主要价值：全草可入药，有祛风止痒功效；煎汤外洗，治荨麻疹及皮肤瘙痒。夏季各种家畜稍采食。

刺　藜

十五、马齿苋科（Portulacaceae）

马齿苋科为一年生或多年生草本，少数为半灌木。单叶，互生或对生，全缘，常肉质；托叶干膜质或刚毛状，稀不存在。花两性，辐射对称，排列成各种花序；萼片2片，少数为5片，草质或干膜质，分离或基部连合；花瓣4～5片，少数更多，覆瓦状排列，早落或宿存；雄蕊与花瓣同数，对生，或成束，或与花瓣贴生，花丝线状，花药2室，内向纵裂；雌蕊3～5片心皮合生，子房上位或半下位，1室，基生胎座或特立中央胎座。蒴果近膜质，盖裂或2～3瓣裂，少数为坚果。种子肾形或球形，数量多，少数为2颗，胚乳大多丰富。

135. 马齿苋

学名：*Portulaca oleracea* L.

别名：马齿草、马苋菜

属：马齿苋属 *Portulaca*

生境分布：分布于呼伦贝尔市各旗、市、区的菜园、农田、路旁，为田间常见杂草。属于一年生、肉质、中生草本。

主要价值：是良好的饲料。全草供药用，有清热利湿、解毒消肿、消炎、止渴、利尿作用；种子明目。可作兽药和农药。嫩茎叶可作蔬菜，味酸。

马齿苋

十六、石竹科（Caryophyllaceae）

石竹科为一年生或多年生草本，少数为亚灌木。茎节通常膨大，具关节。单叶对生，少数互生或轮生，全缘；有托叶，膜质或缺。花辐射对称，两性，稀单性，排列成聚伞花序或聚伞圆锥花序；萼片5片，少数4片，草质或膜质，宿存，覆瓦状排列或合生成筒状；花瓣5片，少数4片，无爪或具爪；雄蕊10枚，二轮列，少数为5枚或2枚；雌蕊1枚，由2～5片心皮合生构成，子房上位，3室或基部1室，特立中央胎座或基底胎座，具1至多颗胚珠；花柱2～5枚，有时基部合生，少数合生成单花柱。果实为蒴果，长椭圆形、圆柱形、卵形或圆球形。种子弯生，数量多或少，少数为1粒，胚乳粉质。

136. 蔓茎蝇子草

学名：*Silene repens* Patr.

别名：蔓麦瓶草、毛萼麦瓶草、匍生蝇子草

属：蝇子草属 *Silene*

　　生境分布：分布于海拉尔区、满洲里市、牙克石市、扎兰屯市、额尔古纳市、根河市、鄂温克族自治旗、鄂伦春自治旗、陈巴尔虎旗、新巴尔虎左旗、新巴尔虎右旗的林下、湿润草地、溪岸或石质草坡。属于多年生、中生草本。

蔓茎蝇子草

137.狗筋麦瓶草

学名：*Silene vulgaris* (Moench.) Garcke
别名：白玉草
属：蝇子草属 *Silene*

狗筋麦瓶草

生境分布：分布于牙克石市、额尔古纳市、根河市、莫力达瓦达斡尔族自治旗、鄂伦春自治旗、鄂温克族自治旗、陈巴尔虎旗、新巴尔虎左旗的草甸、灌丛中、林下多砾石的草地或撂荒地，有时生于农田中。属于多年生、中生草本。

主要价值：根部入药，用于治疗妇女病、丹毒和祛痰。幼嫩植株可作野菜食用。根富含皂苷，可作为肥皂的替代品。

138. 山蚂蚱草

学名：*Silene jenisseensis* Willd.
别名：叶尼塞蝇子草、旱麦瓶草
属：蝇子草属 *Silene*
生境分布：分布于海拉尔区、牙克石市、根河市、鄂伦春自治旗、鄂温克族自治旗、陈巴尔虎旗、新巴尔虎左旗、新巴尔虎右旗的草原、草坡、林缘或固定沙丘。属于多年生、旱生草本。

主要价值：根入药，称为山银柴胡，治阴虚潮热、久疟、小儿疳热等症。

山蚂蚱草

139. 石竹

学名：*Dianthus chinensis* L.
别名：洛阳花、中国石竹
属：石竹属 *Dianthus*
生境分布：分布于牙克石市、扎兰屯市、额尔古纳市、阿荣旗、鄂伦春自治旗、陈巴尔虎旗、新巴尔虎右旗的草原和山坡草地。属于多年生、旱中生草本。

主要价值：根和全草入药，可清热利尿、破血通经、散瘀消肿。已广泛栽培，培育出许多品种，是很好的观赏花卉。

石 竹

十七、十字花科（Crucifenae）

十字花科为一年生、二年生或多年生草本植物，很少为亚灌木，具有特殊的辛辣气味。根有时膨大成肥厚的块根。茎直立或铺散。叶有二型叶，茎生叶通常互生，有柄或无柄，单叶全缘、有齿或分裂，无托叶。花整齐，两性，多数聚集成一总状花序，顶生或腋生；萼片4片，分离，直立或开展，有时基部呈囊状；花瓣4片，分离，呈"十"字形排列；雄蕊通常6枚，具较长的花丝，花丝基部常具蜜腺；雌蕊1枚，子房上位；花柱短或缺，柱头单一或2裂。果实为长角果或短角果。种子一般较小，表面光滑或具纹理，无胚乳。

140. 山菥蓂

学名： *Thlaspi cochleariforme* de Candolle
别名： 山遏蓝菜
属： 菥蓂属 *Thlaspi*
生境分布： 分布于呼伦贝尔市各旗、市、区草原带的沙地和石坡。属于

山菥蓂

多年生、砾石生、旱生草本。

主要价值：种子入蒙药（蒙药名：乌拉音—恒日格—乌布斯）。

141. 独行菜

学名：*Lepidium apetalum* Willdenow

别名：腺茎独行菜、北葶苈子、昌古

属：独行菜属 *Lepidium*

生境分布：分布于呼伦贝尔市各旗、市、区的山坡、山沟、路旁及村庄附近，为常见的田间杂草。属于一年生或二年生、旱中生杂草。

主要价值：嫩叶作野菜食用；全草及种子供药用，有利尿、止咳、化痰功效；种子作葶苈子用，亦可榨油。

独行菜

142. 小花花旗杆

学名：*Dontostemon micranthus* C. A. Mey.

小花花旗杆

呼伦贝尔草原生态监测方法与常见植物识别

别名：小花旗竿

属：花旗杆属 *Dontostemon*

生境分布：分布于海拉尔区、牙克石市、额尔古纳市、鄂温克族自治旗、陈巴尔虎旗、新巴尔虎左旗、新巴尔虎右旗的山坡草地、河滩、固定沙丘及山沟。属于一年生或二年生、中生草本。

十八、景天科（Crassulaceae）

景天科为草本、半灌木或灌木。茎肥厚、肉质。叶互生、对生或轮生，常为单叶，不具托叶。花常为聚伞花序，或为伞房状、穗状、总状或圆锥状花序，有时单生；花两性，辐射对称；萼片自基部分离，少有在基部以上合生，宿存；花瓣分离，或多少合生；雄蕊排列成1轮或2轮，花丝丝状或钻形，少有变宽的，花药基生，少数为背着，内向开裂；心皮常与萼片或花瓣同数，分离或基部合生，常在基部外侧有腺状鳞片1片；胚珠倒生，有两层珠被，常多数。蓇葖有膜质或革质的皮，少数为蒴果。种子小，长椭圆形，胚乳不发达或缺。

143. 瓦松

学名：*Orostachys fimbriata*（Turczaninow）Berger

别名：瓦花、瓦塔、狗指甲

属：瓦松属 *Orostachys*

生境分布：分布于呼伦贝尔市各旗、市、区的石质山坡、石质丘陵及沙质地。属于二年生、砾石生、旱生、肉质草本。

主要价值：全草药用，有止血、活血、敛疮之效。可作农药，加水煮成原液，再加水稀释喷洒，能杀棉蚜、粘虫、菜蚜等。也可制成叶蛋白后供食用，能提制草酸，供工业用，也可悬吊在室内，作观赏植物。

瓦 松

144. 细叶景天

学名：*Sedum elatinoides* Franch.
别名：疣果景天、小鹅儿肠、半边莲、崖松
属：景天属 *Sedum*
生境分布：生长于山坡石上。属于一年生草本。
主要价值：全草药用，可清热解毒，治痢疾。

细叶景天

十九、蒺藜科（Zygophyllaceae）

蒺藜科为多年生草本、半灌木或灌木，少数为一年生草本。托叶分裂或不分裂，常宿存。花单生或2朵并生于叶腋，有时为总状花序，或为聚伞花序；花两性，辐射对称或两侧对称；萼片5片，有时4片，覆瓦状或镊合状排列；花瓣4～5片，覆瓦状或镊合状排列；雄蕊与花瓣同数，或比花瓣多1～3倍；子房上位，极少各室有横隔膜。果实为蒴果，少数为浆果或核果。种子有胚乳或无胚乳。

145. 匍根骆驼蓬

学名：*Peganum nigellastrum* Bunge
别名：骆驼蓬、骆驼蒿
属：骆驼蓬属 *Peganum*
生境分布：分布于新巴尔虎左旗、新巴尔虎右旗的居民点附近、旧舍地、水井边、路旁、白刺堆间、芨芨草植丛中。属于多年生、根蘖

匍根骆驼蓬

性、耐盐、旱生草本。

　　主要价值：为低等饲用植物。全草与种子均可入药，全株能祛湿解毒、活血止痛、止咳，可治疗关节炎、气管炎等；种子能祛风湿、强筋骨，主治瘫痪、筋骨酸痛等。种子可榨油。具有良好的固沙作用，在沙地和有浮沙的沙化土地上，能防止风蚀和起沙。

146. 蒺藜

　　学名： *Tribulus terrestris* Linnaeus
　　别名：白蒺藜、名茨、旁通
　　属：蒺藜属 *Tribulus*
　　生境分布：分布于陈巴尔虎旗、新巴尔虎左旗、新巴尔虎右旗的沙地、荒地、山坡、居民点附近。属于一年生、中生杂草。
　　主要价值：青鲜时可作饲料。果入药，能平肝明目、散风行血。

蒺　藜

二十、亚麻科 （Linaceae）

　　亚麻科为草本，少数为灌木。单叶，全缘，互生或对生，无托叶或具不明显托叶。花整齐，两性，4～5朵，辐射对称；花序为聚伞花序、二歧聚伞花序或蝎尾状聚伞花序；萼片覆瓦状排列，宿存，分离；雄蕊与花被同数或为其2～4倍，花丝基部扩展，合生，呈筒状或环形；子房上位，2～3室；花柱与心皮同数，分离或合生，柱头各式。果实为室背开裂的蒴果，或为含1粒种子的核果。种子具微弱发育的胚乳，胚直立。

147. 宿根亚麻

　　学名： *Linum perenne* L.

别名：多年生亚麻、豆麻、蓝亚麻

属：亚麻属 *Linum*

生境分布：分布于海拉尔区、满洲里市、牙克石市、额尔古纳市、鄂温克族自治旗、陈巴尔虎旗、新巴尔虎左旗的干草原、沙砾质干河滩和干旱的山地阳坡疏灌丛或草地。属于多年生、旱生草本。

主要价值：可作药用，藏医用于治子宫瘀血、闭经、身体虚弱。适应性较强，可作为园林绿化花卉植物，有保持水土的功效。

宿根亚麻

二十一、芸香科（Rutaceae）

芸香科为常绿或落叶乔木、灌木或攀缘藤本或草本。通常有油点，有或无刺。叶互生，少数对生，无托叶。花两性或单性，辐射对称；聚伞花序，少数为总状、穗状花序或单花；萼片4片或5片，离生或部分合生；花瓣4片或5片，很少为2～3片，离生；雄蕊4枚或5枚，或为花瓣数的倍数；雌蕊心皮4～5片，分离或合生，或有多片心皮；子房上位，柱头稀不增大。蓇葖果、蒴果、翅果、核果或柑果。种子通常有胚乳。

148. 北芸香

学名：*Haplophyllum dauricum* (L.) G. Don

别名：假芸香、草芸香、北拟芸香

属：拟芸香属 *Haplophyllum*

生境分布：分布于海拉尔区、满洲里市、牙克石市、额尔古纳市、鄂温克族自治旗、陈巴尔虎旗、新巴尔虎左旗、新巴尔虎右旗的低海拔山坡、草地或岩石旁。属于多年生、旱生草本。

主要价值：为放牧场上的中等饲用植物。内蒙古西部地区的牧民认为它是羊、骆驼的抓膘草。

北芸香

二十二、远志科（Polygalaceae）

远志科为一年生或多年生草本、灌木或乔木，极少数为寄生小草本。单叶互生，稀轮生，全缘，无托叶。花两性，左右对称，组成总状、穗状或圆锥花序；萼片5片，呈花瓣状；花瓣5片或3片，最下一片呈龙骨状，顶端常具流苏状 附属物；雄蕊2轮，每轮5枚，常减为3～8枚；花丝常合生成鞘；子房上位，2～5室，每室有胚珠1颗。果实为蒴果、坚果或核果。种子被毛或无，常具种阜，胚乳有或无。

149. 远志

学名：*Polygala tenuifolia* Willd.

远 志

别名：葽绕、蒵莞、小草

属：远志属 *Polygala*

生境分布：分布于呼伦贝尔市各旗、市、区的草原、山坡草地、灌丛中以及杂木林下。属于多年生、广旱生草本。

主要价值：根皮入药，有益智安神、散郁化痰的功能。主治神经衰弱、心悸、健忘、失眠、梦遗、咳嗽多痰、支气管炎、腹泻、膀胱炎、痈疽疮肿，并有强壮、刺激子宫收缩等作用。

二十三、大戟科（Euphorbiaceae）

大戟科为乔木、灌木或草本，常有乳状汁液。叶互生，基部或顶端有时具有 1 ~ 2 枚腺体；托叶 2 片，着生于叶柄的基部两侧。花单性，雌雄同株或异株，单花或组成各式花序（穗状或圆锥状花序）；萼片分离或在基部合生，覆瓦状或镊合状排列，在特化的花序中有时萼片极度退化或无；花瓣有或无；雄蕊 1 至多枚；雌蕊 3 枚，心皮合生，子房上位，3 室，每室有 1 ~ 2 颗胚珠着生于中轴胎座上，花柱与子房室同数，分离或基部连合。果为蒴果，或为浆果或核果状。种子常有显著种阜，胚乳丰富、肉质或油质。

150. 乳浆大戟

学名：*Euphorbia esula* L.

别名：猫眼草、烂疤眼

属：大戟属 *Euphorbia*

生境分布：分布于呼伦贝尔市各旗、市、区的路旁、杂草丛、山坡、林下、河沟边、荒山、沙丘及草地。属于多年生、广幅、中旱生草本。

主要价值：全草入药，可利尿消肿、拔毒止痒。用于治疗四肢浮肿、小便淋痛不利、疟疾；外用可治瘰疬、疮癣瘙痒。

乳浆大戟

151. 狼毒大戟

学名： *Euphorbia fischeriana* Steud.

别名： 狼毒疙瘩、狼毒、猫眼睛、山红萝卜

属： 大戟属 *Euphorbia*

生境分布： 分布于呼伦贝尔市各旗、市、区的森林草原及草原区石质山地向阳山坡。属于多年生、中旱生草本。

主要价值： 全株有毒，根毒性大。可外用治头癣；可杀鼠，还可用于杀蛆，灭孑孓。全草含刺激性乳汁，皮肤接触后，能引起水泡，误食引起口腔咽喉的刺激、恶心、呕吐，严重时精神失常，眩晕、站立不稳、抽搐、痉挛，有时引起死亡。

狼毒大戟

152. 东北大戟

学名： *Euphorbia manschurica*

属： 大戟属 *Euphorbia*

生境分布： 生长于河边沙丘及沙质地，河岸湿地及灌丛间，向阳山坡的石砾质地及林缘。属于多年生草本。

东北大戟

153. 地锦

学名： *Parthenocissus tricuspidata* (Siebold.&Zucc.) Planch.

别名： 地锦草、铺地锦、爬墙虎、土鼓藤

属： 地锦属 *Parthenocissus*

生境分布：分布于满洲里市、牙克石市、扎兰屯市、阿荣旗、莫力达瓦达斡尔族自治旗、鄂温克族自治旗、陈巴尔虎旗、新巴尔虎左旗、新巴尔虎右旗的原野荒地、路旁、田间、沙丘、山坡等地。属于一年生、中生杂草。

主要价值：全草入药，可清热解毒、利尿通乳、止血杀虫。果实可食用或酿酒。是很好的垂直绿化材料，既能美化墙壁，又能防暑隔热。

地 锦

154. 铁苋菜

学名：*Acalypha australis* L.

别名：红苋菜、野刺苋

属：铁苋菜属 *Acalypha*

生境分布：分布于陈巴尔虎旗的田间、路旁、草坪以及平原或山坡较湿润耕地和空旷草地。属于一年生草本。

主要价值：全草或地上部分入药，具有清热解毒、利湿消积、收敛止血的功效。嫩叶可食用，为南方各地野菜品种之一。

铁苋菜

155. 狼毒

学名：*Euphorbia fischeriana* Steud.

别名：续毒、川狼毒、白狼毒、猫儿眼根草

属：大戟属 *Euphorbia*

生境分布：分布于呼伦贝尔市各旗、市、区的草原、干燥丘陵坡地、多石砾干山坡及阳坡稀疏的松林下。属于多年生、旱生草本。

主要价值： 根入药，主治结核类、疮瘘癣类等，有毒。

狼　毒

二十四、伞形科（Umbelliferae）

伞形科为一年生至多年生草本。茎直立或匍匐上升，通常为圆形。叶互生，叶片通常分裂或多裂，很少为单叶；叶柄的基部有叶鞘，通常无托叶，少数为膜质。花小，两性或杂性，成顶生或腋生的复伞形花序或单伞形花序，很少为头状花序；花萼与子房贴生，萼齿5个或无；花瓣5片，在花蕾时呈覆瓦状或镊合状排列；雄蕊5枚，与花瓣互生；子房下位，2室，每室有1颗倒悬的胚珠，顶部有盘状或短圆锥状的花柱基；花柱2枚，直立或外曲。果实在大多数情况下为干果，通常裂成两个分生果，很少不裂，呈卵形、圆心形、长圆形至椭圆形。种子胚乳软骨质，胚小。

156. 防风

学名： *Saposhnikovia divaricata* (Trucz.) Schischk.

防　风

别名：北防风、关防风

属：防风属 *Saposhnikovia*

生境分布：分布于呼伦贝尔市各旗、市、区的草原、丘陵、多砾石山坡。属于多年生、旱生草本。

主要价值：根供药用，有发汗、祛痰、驱风、镇痛的功效，用于治感冒、头痛、周身关节痛、神经痛等症。

157. 线叶柴胡

学名：*Bupleurum angustissimum* (Franch.) Kitagawa.

别名：三岛柴胡

属：柴胡属 *Bupleurum*

生境分布：生长于山坡草地或草原。属于多年生草本。

主要价值：可入药，有和解退热、疏肝解郁、升提中气之效。主治感冒发热、寒热往来、胸胁胀痛、疟疾、胆道感染、肝炎、子宫脱垂。

线叶柴胡

158. 锥叶柴胡

学名：*Bupleurum bicaule* Helm

别名：红柴胡

属：柴胡属 *Bupleurum*

生境分布：分布于满洲里市、额尔古纳市、莫力达瓦达斡尔族自治旗、鄂伦春自治旗、鄂温克族自治旗、陈巴尔虎旗、新巴尔虎左旗、新巴尔虎右旗的山坡向阳地草原和干旱多砾石草地。属于多年生、旱生草本。

主要价值：根在陕西及其他部分地方被称为红柴胡，作药用。

呼伦贝尔草原生态监测方法与常见植物识别

106

锥叶柴胡

159. 东北茴芹

学名： *Pimpinella thellungiana* Wolff
别名： 羊红膻、缺刻叶茴芹
属： 茴芹属 *Pimpinella*
生境分布： 分布于呼伦贝尔市各旗、市、区的河边、林下、草坡和灌丛中。属于二年生或多年生、中生草本。
主要价值： 全草作兽药，民间有"家有羊红膻，牛羊养满厩"的谚语。近年，用于临床，能健脾胃、活血、补血、平肝、止泻，对治疗头昏、心悸等症状及克山病有效。

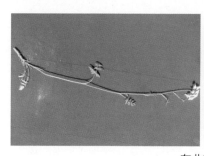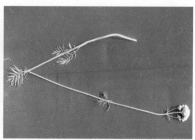

东北茴芹

160. 毒芹

学名： *Cicuta virosa* L.
别名： 野芹菜、芹叶钩吻
属： 毒芹属 *Cicuta*
生境分布： 分布于呼伦贝尔市各旗、市、区的杂木林下、湿地或水沟边。属于多年生、湿生草本。

主要价值：根状茎入药，可拔毒、祛瘀、止痛。

毒　芹

161. 田葛缕子

学名：*Carum buriaticum* Turcz.

别名：丝叶葛缕子

属：葛缕子属 *Carum*

生境分布：分布于海拉尔区、满洲里市、鄂温克族自治旗、陈巴尔虎旗、新巴尔虎左旗、新巴尔虎右旗的田边、路旁、河岸、林下及山地草丛中。属于二年生、中旱生杂草。

主要价值：根入药，能行气散寒、消食健胃、镇静祛风。

田葛缕子

二十五、报春花科（Primulaceae）

报春花科多为多年生或一年生草本，很少呈亚灌木状。单叶，边缘齿

裂。花单生或组成总状、伞形或穗状花序，两性，辐射对称；花萼通常5
裂，少数为4裂或6～9裂，宿存；花冠下部合生，呈短或长筒形；雄蕊5
枚，与花冠裂片同数，对生，有时具退化雄蕊，花药内向；花丝分离或下部
合生，贴生于花冠筒上；子房上位，少数为半下位，1室，心皮常5片；胚
珠少或多，常为半倒生，生于特立中央胎座上。蒴果通常5齿裂或瓣裂，少
数为盖裂。种子小，有棱角，常为盾状，胚小而直，藏于丰富的胚乳中。

162. 东北点地梅

学名： *Androsace filiformis* Retz.

别名： 丝状点地梅、星星花

属： 点地梅属 *Androsace*

生境分布： 分布于根河市、海拉尔区、牙克石市、扎兰屯市、额尔古纳
市、莫力达瓦达斡尔族自治旗、鄂伦春自治旗、鄂温克族自治旗、陈巴尔虎
旗的潮湿草地、林下和水沟边。属于一年生、中生草本。

主要价值： 全草入药，可消炎止痛。用于治疗局部疔疮、溃疡、红肿、
疼痛。

东北点地梅

163. 狼尾花

学名： *Lysimachia barystachys* Bunge

别名： 虎尾草、狼尾花

属： 珍珠菜属 *Lysimachia*

生境分布： 分布于海拉尔区、牙克石市、扎兰屯市、额尔古纳市、根河
市、莫力达瓦达斡尔族自治旗、鄂伦春自治旗、新巴尔虎右旗的草甸、山坡

路旁的灌丛间。属于多年生、中生草本。

　　主要价值：全草入药，能活血调经、散瘀消肿、解毒生肌、利水、降压。根茎含鞣质，可提制栲胶。花艳丽，可栽培供观赏。

狼尾花

二十六、白花丹科（Plumbaginaceae）

　　白花丹科也叫蓝雪科，为小灌木、半灌木或多年生（极少数一年生）草本。直立、上升或垫状，有时上端为蔓状、攀缘。茎、枝有明显的节。单叶，互生或基生，全缘，通常无托叶。花两性，辐射对称，花序为穗状、头状或蝎尾状聚伞花序；苞片常形成鞘状总苞，干膜质；花萼宿存、合生，萼齿5个，齿间常膜质；花瓣分离或合生，裂片5片；雄蕊5枚，与花瓣或花冠裂片对生，花丝线形，着生于花冠裂片基部或贴生于花冠管上；子房上位，无柄，1室，胚珠1颗，倒生，珠被2层；花柱5枚，分离或合生，常被毛或具腺体。蒴果为宿存萼所包，果皮干膜质或革质，不开裂或盖裂，少数从基部向上瓣裂，常同萼一起脱落。种子有或无胚乳。

164. 二色补血草

　　学名：*Limonium bicolor*（Bunge）Kuntze
　　别名：苍蝇架、苍蝇花、蝇子架、二色矶松
　　属：补血草属 *Limonium*
　　生境分布：分布于海拉尔区、满洲里市、牙克石市、鄂温克族自治旗、陈巴尔虎旗、新巴尔虎左旗、新巴尔虎右旗的山坡下部和丘陵，喜生长于含盐的钙质土或沙地。属于多年生、旱生草本。
　　主要价值：带根全草入药，是传统中草药之一，能活血、止血、温中

健、滋补强壮，主治月经不调、功能性子宫出血、痔疮出血、胃溃疡、诸虚体弱。是天然的灭蝇花，且具有较高的观赏价值。

二色补血草

165. 黄花补血草

学名： *Limonium aureum* (L.) Hill.
别名： 黄花矾松、黄花苍蝇架、金色补血草
属： 补血草属 *Limonium*
生境分布： 分布于海拉尔区、满洲里市、额尔古纳市、鄂温克族自治旗、陈巴尔虎旗、新巴尔虎左旗、新巴尔虎右旗轻度盐渍化土壤及沙砾质、沙质土壤。属于多年生、耐盐、旱生草本。
主要价值： 花入药，有止痛、消炎、补血之效，用于治疗神经痛、月经量少、耳鸣、乳汁不足、感冒，外用治牙痛及疮疖痈肿；花萼治妇女月经不调、鼻衄、带下。

黄花补血草

二十七、龙胆科（Gentianaceae）

龙胆科为一年生或多年生草本。茎直立或斜升，有时缠绕。单叶对生，

少数为互生或轮生，无托叶。花两性，少数为单性，辐射对称，常组成聚伞花序；花萼筒状、钟状或辐状；花冠筒状、漏斗状或辐状，基部全缘，少数有距；雄蕊贴生于花冠，且与其裂片同数、互生；雌蕊由2片心皮合生，子房上位，1室，侧膜胎座，基部有时具花盘；胚珠倒生，常多颗。蒴果2瓣裂，少数不开裂。种子小，常多颗，具丰富的胚乳。

166. 鳞叶龙胆

学名： *Gentiana squarrosa* Ledeb.
别名： 石龙胆、鳞片龙胆、岩龙胆、小龙胆
属： 龙胆属 *Gentiana*
生境分布： 分布于海拉尔区、牙克石市、扎兰屯市、阿荣旗、莫力达瓦达斡尔族自治旗、鄂温克族自治旗东、鄂伦春自治旗、陈巴尔虎旗、新巴尔虎左旗、新巴尔虎右旗的山坡、山谷、山顶、干草原、河滩、荒地、路边、灌丛中及高山草甸。属于一年生、中生草本。
主要价值： 全草入药，有清热利湿、解毒消痈之效，主治咽喉肿痛、阑尾炎、尿血，外用治疮疡肿毒、淋巴结结核。

鳞叶龙胆

167. 达乌里秦艽

学名： *Gentiana dahurica* Fisch.
别名： 达乌里龙胆、小叶秦艽、小秦艽
属： 龙胆属 *Gentiana*
生境分布： 分布于海拉尔区、满洲里市、牙克石市、鄂伦春自治旗、鄂温克族自治旗、陈巴尔虎旗、新巴尔虎左旗、新巴尔虎右旗的田边、路旁、河滩、湖边沙地、水沟边、向阳山坡及干草原等地。属于多年生、中旱生草本。

主要价值： 根入药（药材名:秦艽），能祛风湿、退虚热、止痛，主治关节炎、低热、小儿疳积发热。花入蒙药，能清肺、止咳、解毒。

达乌里秦艽

168. 龙胆

学名： *Gentiana scabra* Bunge
别名： 龙胆草、胆草、草龙胆
属： 龙胆属 *Gentiana*
　　生境分布： 分布于牙克石市、扎兰屯市、额尔古纳市、莫力达瓦达斡尔族自治旗、鄂伦春自治旗的山坡草地、路边、河滩、灌丛中、林缘及林下、草甸。属于多年生、中生草本。
　　主要价值： 根入药（药材名：龙胆），能清利肝胆湿热、健胃，主治黄疸、胁痛、肝炎、胆囊炎、食欲缺乏、目赤、中耳炎、尿路感染、带状疱疹、急性湿疹、阴部湿痒。

龙　胆

二十八、旋花科（Convolvulaceae）

旋花科为草本、亚灌木或灌木，在干旱地区有些种类为多刺的矮灌丛，或为寄生植物，植物体常有乳汁。有些种类地下具肉质的块根。茎缠绕或攀缘，有时平卧或匍匐，偶有直立。叶互生，单叶，全缘或掌状、羽状分裂，寄生种类叶退化成小鳞片，通常有叶柄。花通常美丽，单生或通常组成各式花序；花整齐，两性，5朵；花萼分离或仅基部连合，外萼片常比内萼片大，宿存，有些种类在果期增大；花冠合瓣，漏斗状、钟状、高脚碟状或坛状；雄蕊与花冠裂片同数互生；子房上位，由2片（少数为3～5片）心皮组成中轴胎座；花柱1～2枚，少数几乎无花柱，柱头各式。蒴果、浆果或果皮干燥坚硬呈坚果状。种子通常为三棱形，胚乳小，胚大，菟丝子属的胚线状螺卷，无子叶或子叶退化为鳞片状。

169. 银灰旋花

学名： *Convolvulus ammannii* Desr.
别名： 沙地小旋花
属： 旋花属 *Convolvulus*
生境分布： 分布于满洲里市、扎兰屯市、莫力达瓦达斡尔族自治旗、鄂温克族自治旗、陈巴尔虎旗、新巴尔虎左旗、新巴尔虎右旗的干旱山坡草地或路旁，为典型旱生植物。属于多年生、矮小草本植物。
主要价值： 全草入药，有解毒、止咳功能，用于治疗感冒、咳嗽。

银灰旋花

170. 打碗花

学名： *Calystegia hederacea* Wall.
别名： 燕覆子、小旋花
属： 打碗花属 *Calystegia*
生境分布： 分布于海拉尔区、扎兰屯市、阿荣旗、莫力达瓦达斡尔族自治旗、陈巴尔虎旗、新巴尔虎右旗的农田、荒地、路旁。属于一年生、缠绕或平卧草本。
主要价值： 嫩茎叶和根可食用。根可入药，有调经活血、滋阴补虚的功效，主治淋病、白带、月经不调等症。

打碗花

171. 菟丝子

学名：*Cuscuta chinensis* Lam.

别名：豆寄生、无根草、黄丝

属：菟丝子属 *Cuscuta*

生境分布：分布于牙克石市、扎兰屯市、阿荣旗、莫力达瓦达斡尔族自治旗、新巴尔虎左旗、新巴尔虎右旗的田边、山坡阳处、路边灌丛。属于一年生、缠绕、寄生草本。

主要价值：种子药用，有补肝肾、益精壮阳、止泻的效果。

菟丝子

172. 田旋花

学名：*Convolvulus arvensis* L.

别名：中国旋花、箭叶旋花

属：旋花属 *Convolvulus*

生境分布：分布于呼伦贝尔市各旗、市、区的田间、撂荒地、村舍与路旁或轻度盐渍化的草甸。属于细弱蔓生或微缠绕的多年生、中生草本。

主要价值：全草入药，可调经活血、滋阴补虚。

田旋花

二十九、紫草科（Boraginaceae）

紫草科多数为草本，较少数为灌木或乔木，一般被有硬毛或刚毛。叶为单叶，互生，极少对生，全缘或有锯齿，不具托叶。花两性，辐射对称，少数两侧对称，多呈单歧聚伞花序；萼片5片，分离或基部合生；花冠5裂，呈管状、辐状或漏斗状，喉部常有附属物；雄蕊与花冠裂片同数、互生，着生于花冠上；子房上位，2片心皮合生，2室，每室2颗胚珠，有时4深裂成假4室，每室1颗胚珠；花柱单一，着生于子房顶部或4深裂子房的中央基部。果为4个小坚果或核果。种子直立或斜生，无胚乳。

173.鹤虱

学名：*Lappula myosotis* Moench

鹤 虱

别名：鹄虱、鬼虱、北鹤虱

属：鹤虱属 *Lappula*

生境分布：分布于海拉尔区、满洲里市、鄂温克族自治旗、陈巴尔虎旗、新巴尔虎左旗、新巴尔虎右旗的草地、山坡草地等处。属于一年生或二年生、旱中生草本。

主要价值：果实入药，有消炎杀虫之效。

三十、唇形科（Labiatae）

唇形科为多年生至一年生草本、半灌木或灌木，极少数为乔木或藤本，常具含芳香油的表皮。茎直立或匍匐状，常为四棱形。叶通常为单叶，全缘或具各种齿、浅裂或深裂。聚伞花序，花3至多朵；花通常两性，两侧对称，少数为辐射对称；花萼钟状、管状或杯状，少数为壶状、球形或二片盾形；花冠管状多为二唇形，着色；雄蕊通常4枚，二强，少数为2枚；子房上位，由2片中向心皮形成，4室；花柱通常着生于子房基部，柱头2裂，少数不裂。果为4个小坚果或核果状。种子于果内单生，直立，少数横生、皱曲，胚乳无或极不发育。

174. 黄芩

学名：*Scutellaria baicalensis* Georgi

别名：香水水草

属：黄芩属 *Scutellaria*

生境分布：分布于呼伦贝尔市各旗、市、区的向阳草坡地、休荒地。属于多年生、广幅、中旱生植物。

主要价值：根入药，能清热燥湿、泻火解毒、止血安胎。用于治疗湿

黄 芩

温、暑湿，胸闷呕恶、湿热痞满、泻痢、黄疸、肺热咳嗽、高热烦渴、血热吐衄、痈肿疮毒、胎动不安。

175. 并头黄芩

学名：*Scutellaria scordifolia* Fisch. ex Schrank

别名：头巾草、山麻子

属：黄芩属 *Scutellaria*

生境分布：分布于呼伦贝尔市各旗、市、区的山地林下、林缘、河滩草甸、山地草甸、撂荒地、路旁及村舍附近。属于多年生、中生草本。

主要价值：根茎入药，叶可代茶用。

并头黄芩

176. 狭叶黄芩

学名：*Scutellaria regeliana* Nakai

属：黄芩属 *Scutellaria*

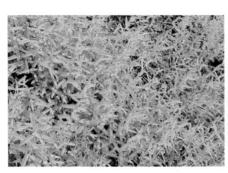

狭叶黄芩

生境分布：分布于扎兰屯市、额尔古纳市、莫力达瓦达斡尔族自治旗、鄂伦春自治旗、新巴尔虎左旗的河岸或沼泽地。属于多年生、中生草本。

177. 多裂叶荆芥

学名：*Nepeta multifida* Linnaeus
别名：东北裂叶荆芥、荆芥
属：荆芥属 *Nepeta*
生境分布：分布于呼伦贝尔市各旗、市、区的沙质平原、丘陵坡地、石质山坡。属于多年生、中旱生杂类草。
主要价值：全株含芳香油，油为透明淡黄色，味清香，适于制作香皂。

多裂叶荆芥

178. 光萼青兰

学名：*Dracocephalum argunense* Fisch. ex Link
属：青兰属 *Dracocephalum*
生境分布：分布于牙克石市、扎兰屯市、额尔古纳市、阿荣旗、莫力达瓦达斡尔族自治旗、鄂温克族自治旗的山地草甸、山地草原、林缘灌丛。属于多年生、中生草本。

光萼青兰

179. 块根糙苏

学名: *Phlomis tuberosa* L.

别名: 野山药、鲁各木日

属: 糙苏属 *Phlomis*

生境分布: 分布于新巴尔虎左旗、陈巴尔虎旗、鄂温克族自治旗、新巴尔虎右旗、额尔古纳市、牙克石市。生于山地沟谷草甸、山地灌丛、林缘，也见于草甸化杂类草草原。属于旱中生、草甸植物。

主要价值: 块根作蒙药用（蒙药名：露格莫尔－奥古乐今－土古日爱），能祛风清热、止咳化痰、生肌敛疤。主治感冒咳嗽、支气管炎、疮疡不愈合。

块根糙苏

180. 百里香

学名: *Thymus mongolicus* Ronn.

别名: 千里香、地椒叶、地角花

属: 百里香属 *Thymus*

生境分布: 分布于鄂伦春自治旗的多石山地、斜坡、山谷、山沟、路旁及杂草丛中。属于旱生半灌木。

百里香

主要价值：可作药用，能祛风止咳、健脾行气、利湿通淋。

三十二、玄参科（Scrophulariaceae）

玄参科为草本、灌木，少数为乔木。叶互生，下部对生，无托叶。总状、穗状或聚伞状花序，常合成圆锥花序，向心或离心；花常不整齐；萼下位，常宿存，5基数，少数为4基数；花冠4～5裂，裂片多少不等，或二唇形；雄蕊常为4枚，有1枚退化，少数为2～5枚或更多；花盘常存在，环状，杯状或小而似腺；子房2室，极少仅有1室；花柱简单，柱头头状或2裂或2片状；胚珠多颗，少数为各室2枚，倒生或横生。果为蒴果，少数为浆果状。种子细小，有时具翅或网状种皮，胚乳肉质或缺少，胚伸直或弯曲。

181. 柳穿鱼

学名：*Linaria vulgaris* subsp. *chinensis*（Bunge ex Debeaux）D. Y. Hong
别名：小金鱼草
属：柳穿鱼属 *Linaria*
生境分布：分布于呼伦贝尔市各旗、市、区的山坡、路边、田边草地或多沙的草原。属于多年生、旱中生草本。
主要价值：全草入药，可治风湿性心脏病。

柳穿鱼

182. 细叶婆婆纳

学名：*Veronica linariifolia* Pall. ex Link
属：婆婆纳属 *Veronica*

生境分布：分布于海拉尔区、牙克石市、扎兰屯市、满洲里市、额尔古纳市、阿荣旗、莫力达瓦达斡尔族自治旗、鄂温克族自治旗、陈巴尔虎旗、新巴尔虎左旗的草甸、草地、灌丛及疏林下。属于多年生、旱中生草本。

主要价值：全草入药，有清肺、化痰、止咳、解毒作用。主治慢性气管炎、肺化脓症、咳血脓血；外用治痔疮、皮肤湿疹、风疹瘙痒、疖痈疮疡。

细叶婆婆纳

183.达乌里芯芭

学名：*Cymbaria daurica* Linnaeus

别名：芯芭、大黄花

属：芯芭属 *Cymbaria*

生境分布：分布于海拉尔区、满洲里市、牙克石市、扎兰屯市、鄂温克族自治旗、陈巴尔虎旗、新巴尔虎左旗、新巴尔虎右旗的干山坡与沙砾草原。属于多年生、旱生草本。

主要价值：全草入药，能祛风湿、利尿、止血。

达乌里芯芭

三十三、列当科（Orobanchaceae）

列当科为多年生、二年生或一年生寄生草本，不含或几乎不含叶绿素。茎常不分枝，少数种有分枝。叶鳞片状，螺旋状排列，或在茎的基部密集排列，呈近覆瓦状。花两性，数量多，沿茎上部排列成总状或穗状花序，或簇生于茎端呈近头状花序，极少的花单生茎端；花萼筒状、杯状或钟状；花冠左右对称，常弯曲、二唇形、筒状钟形或漏斗状；雄蕊4枚，二强，着生于花冠筒中部或中部以下，与花冠裂片互生；子房上位，侧膜胎座常为2、3、4、6个，极少数为10个，横切面呈"丁"字形或各式分支，偶尔在子房下部连合成中轴胎座；胚珠多颗，倒生；花柱细长，柱头膨大，盾状、圆盘状或2～4浅裂。果实为蒴果。种子细小，胚乳肉质。

184. 列当

学名： *Orobanche coerulescens* Steph.

别名： 兔子拐棍

属： 列当属 *Orobanche*

生境分布： 分布于呼伦贝尔市各旗、市、区的沙丘、山坡及沟边草地。属于二年生或多年生、根寄生、肉质草本。

主要价值： 全草入药，有补肾壮阳、强筋骨、润肠之效，主治阳痿、腰酸腿软、神经症及小儿腹泻等，外用可消肿。

列 当

185. 黄花列当

学名： *Orobanche pycnostachya* Hance

别名：独根草

属：列当属 *Orobanche*

生境分布：分布于扎兰屯市、陈巴尔虎旗、新巴尔虎左旗的固定或半固
定沙丘、山坡、草原。属于二年生或多年生、根寄生、肉质草本。

主要价值：用途同列当。

黄花列当

186. 白兔儿尾苗

学名：*Pseudolysimachion incanum*（Linnaeus）Holub

别名：白婆婆纳

属：兔尾苗属 *Pseudolysimachion*

生境分布：分布于海拉尔区、满洲里市、鄂温克族自治旗、陈巴尔虎

白兔儿尾苗

旗、新巴尔虎左旗、新巴尔虎右旗的山地、固定沙地，为草原群落的一般常见伴生种。属于多年生、中旱生草本。

主要价值： 全草入药，能清热消肿、凉血止血。可治痈疖红肿，吐血、衄血、咯血、崩漏。

187. 兔儿尾苗

学名： *Pseudolysimachion longifolium*（Linnaeus）Opiz
别名： 长尾婆婆纳、长叶婆婆纳、长叶水苦荬
属： 兔尾苗属 *Pseudolysimachion*
生境分布： 分布于牙克石市、扎兰屯市、额尔古纳市、阿荣旗、莫力达瓦达斡尔族自治旗、鄂温克族自治旗、陈巴尔虎旗、新巴尔虎左旗的草甸、山坡草地、林缘草地。

主要价值： 全草入药，可祛风除湿、解毒止痛。

兔儿尾苗

三十三、车前科（Plantaginaceae）

车前科为一年生、二年生或多年生草本，少数为小灌木。根为直根系或须根系。茎通常变态成紧缩的根茎，根茎通常直立，少数斜升，少数具直立和节间明显的地上茎。叶基出或近基出，不具托叶；穗状花序狭圆柱状、圆柱状至头状，偶尔简化为单花，少数为总状花序；花小，两性，少数为杂性或单性，雌雄同株或异株；花萼4裂，宿存；花冠干膜质，白色、淡黄色或淡褐色，高脚碟状或筒状，辐射对称；雄蕊4枚，少数为1～2枚，相等或近相等，无毛；子房上位，2室，中轴胎座，少数为1室基底胎座；胚珠1～40颗，横生至倒生；花柱1枚，丝状，被毛。果实为膜质蒴果，环裂、盖开，有时为坚果。种子盾状着生，胚直伸，少数弯曲，肉质胚乳位于中央。

188. 平车前

学名： *Plantago depressa* Willd.

别名： 车前草、车串串、小车前

属： 车前属 *Plantago*

生境分布： 生于呼伦贝尔市各旗、市、区的草地、河滩、沟边、草甸、田间及路旁。属于一年生或二年生、中生草本。

主要价值： 幼苗可食。全株入药，具有利尿、清热、明目、祛痰的功效，主治小便不通、淋浊、带下、尿血、黄疸、水肿、热痢、泄泻、鼻衄、目赤肿痛、喉痹、咳嗽、皮肤溃疡等。

平车前

三十四、茜草科（Rubiaceae）

茜草科为乔木、灌木或草本，有时为藤本，少数为具肥大块茎的适蚁植物。叶对生或有时轮生，有时具不等叶性，通常全缘，极少有齿缺，有托叶。花序各式，均由聚伞花序复合而成，很少数为单花或少花的聚伞花序；花两性、单性或杂性；萼通常4～5裂；花冠合瓣，管状、漏斗状、高脚碟状或辐状，通常4～5裂，裂片镊合状、覆瓦状或旋转状排列，整齐，很少不整齐，偶有二唇形；雄蕊与花冠裂片同数而互生，偶有2枚，着生在花冠管的内壁上；花药2室，纵裂或少有顶孔开裂；子房下位，通常为中轴胎座或有时为侧膜胎座；花柱顶生，具头状或分裂的柱头；胚珠每子房室1至多颗，倒生、横生或曲生。浆果、蒴果或核果。种子裸露或嵌于果肉或肉质胎座中，胚乳核型，肉质或角质，有时退化为一薄层或无胚乳。

189. 蓬子菜

学名： *Galium verum* Linn.

别名：松叶草、柳绒蒿、鸡肠草

属：拉拉藤属 *Galium*

生境分布：分布于呼伦贝尔市各旗、市、区的山地林缘、灌丛、草甸草原、杂类草草甸，常成为草甸草原群落中的优势种之一。属于多年生、中生草本。

主要价值：茎可提取绛红色染料。全草入药，能清热解毒、行血、止痒、利湿，治肝炎、咽喉肿痛、疮疖肿毒、稻田皮炎、荨麻疹、静脉炎、跌打损伤、妇女血气痛等。

蓬子菜

三十五、苋菜科（Amaranthaceae）

苋科为一年或多年生草本，少数为攀缘藤本或灌木。叶互生或对生，无托叶。花小，花簇生在叶腋内，呈疏散或密集的穗状、头状、总状或圆锥花序；苞片1片，小苞片2片，干膜质，绿色或着色；花被片3～5片，干膜质，覆瓦状排列，常和果实同脱落，少有宿存；雄蕊常和花被片等数且对生；花丝分离，或基部合生成杯状或管状；子房上位，1室，具基生胎座，胚珠1或多颗，珠柄短或伸长；花柱1～3枚，宿存，柱头头状或2～3裂。果实为胞果或小坚果，少数为浆果。种子1或多粒，凸镜状或近肾形，胚环状，胚乳粉质。

190. 苋菜

学名：*Amaranthus tricolor* L.

别名：青香苋

属：苋属 *Amaranthus*

生境分布：分布于呼伦贝尔市各旗、市、区的田间、路旁、住宅附近。属于一年生草本。

主要价值：茎叶作为蔬菜食用；叶杂有各种颜色者，可供观赏；根、果实及全草入药，有明目、利大小便、去寒热的功效。

苋　菜

191. 凹头苋

学名：*Amaranthus blitum* Linnaeus

别名：野苋、光苋菜

属：苋属 *Amaranthus*

生境分布：分布于呼伦贝尔市各旗、市、区的田边、路旁、居民地附近的杂草地。属于一年生、中生杂草。

主要价值：全草入药，可缓和止痛、收敛、利尿，也可作解热剂；种子有明目、利大小便、去寒热的功效；鲜根有清热解毒作用；茎叶可作猪饲料。

凹头苋

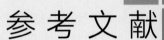

REFERENCE
参 考 文 献

巴树桓, 2020. 呼伦贝尔山河 [M]. 北京: 中国林业出版社.

崔显义, 2011. 呼伦贝尔草原生态 [M]. 呼和浩特: 内蒙古人民出版社.

潘学清, 冯国钧, 魏绍成, 等, 1992. 中国呼伦贝尔草地 [M]. 长春: 吉林科学技术出版社.

生态系统固碳项目技术规范编写组, 2015. 生态系统固碳观测与调查技术规范 [M]. 北京: 科学出版社.

辛晓平, 陈宝瑞, 赵利清, 等, 2019. 呼伦贝尔草原植物图鉴 [M]. 北京: 科学出版社.

闫瑞瑞, 辛晓平, 陈宝瑞, 等, 2021. 中国生态系统定位观测与研究数据集: 草地与荒漠生态系统卷　内蒙古呼伦贝尔站 (2009—2015) [M]. 北京: 中国农业出版社.

杨桂霞, 唐华俊, 辛晓平, 等, 2008. 中国生态系统定位观测与研究数据集: 草地与荒漠生态系统卷　内蒙古呼伦贝尔站 (2006—2008) [M]. 北京: 中国农业出版社.

章祖同, 1990. 内蒙古草地资源 [M]. 呼和浩特: 内蒙古人民出版社.

中国生态系统研究网络科学委员会, 2007. 陆地生态系统生物观测规范 [M]. 北京: 中国环境科学出版社.

中国生态系统研究网络科学委员会, 2007. 陆地生态系统土壤观测规范 [M]. 北京: 中国环境科学出版社.

中华人民共和国农业部畜牧兽医司, 全国畜牧兽医总站, 1996. 中国草地资源 [M]. 北京: 中国科学技术出版社.

图书在版编目（CIP）数据

呼伦贝尔草原生态监测方法与常见植物识别 ／ 闫瑞瑞，辛晓平，乌仁其其格著．—北京：中国农业出版社，2022.8

ISBN 978-7-109-29726-5

Ⅰ.①呼… Ⅱ.①闫… ②辛… ③乌… Ⅲ.①草原生态系统-环境监测系统-呼伦贝尔市②草原-植物-识别-呼伦贝尔市 Ⅳ.①S812.29②Q948.522.63

中国版本图书馆CIP数据核字（2022）第126991号

中国农业出版社出版

地址：北京市朝阳区麦子店街18号楼

邮编：100125

责任编辑：李昕昱 文字编辑：黄璟冰

版式设计：李 文 责任校对：吴丽婷 责任印制：王 宏

印刷：中农印务有限公司

版次：2022年8月第1版

印次：2022年8月北京第1次印刷

发行：新华书店北京发行所

开本：700mm×1000mm 1/16

印张：9

字数：200千字

定价：78.00元
